The Lost Art of Ladyhood

生命中的美好基因

让女孩变得自信、优雅的12个必备技巧

[美] 杰茜·冯克（Jessie Funk）著
王思宁 译

天地出版社

图书在版编目（CIP）数据

生命中的美好基因 /（美）杰茜·冯克著；王思宁译. — 成都：天地出版社, 2016.10
ISBN 978-7-5455-2151-1

I. ①生… II. ①杰… ②王… III. ①女性—成功心理—通俗读物 IV. ①B848.4-49

中国版本图书馆CIP数据核字（2016）第179946号

生命中的美好基因

著　　者	［美］杰茜·冯克
译　　者	王思宁
责任编辑	陈素然
图片来源	CFP
封面设计	古涧文化
电脑制作	思想工社
责任印制	葛红梅
出版发行	天地出版社 （成都市槐树街2号　邮政编码：610014）
网　　址	http://www.tiandiph.com http://www.天地出版社.com
电子邮箱	tiandicbs@vip.163.com
经　　销	新华文轩出版传媒股份有限公司
印　　刷	三河市华业印务有限公司
版　　次	2016年10月第1版
印　　次	2016年10月第1次印刷
成品尺寸	145mm×210mm　1/32
印　　张	8.75
字　　数	174千字
定　　价	36.00元
书　　号	ISBN 978-7-5455-2151-1

咨询电话：（028）87734639（总编室）
购书热线：（010）67692522（市场部）

— 谨以此书献给 —

·我所有的“常青藤女孩”。（作者杰茜创办了一个全国性的非营利组织“常青藤女子学院”，专为年轻女性提供自信和领导力培训。）我写这本书遇到挣扎时，你们每一张甜美的笑脸都是我前进的动力。感谢你们给了我强烈的使命感。

·我可爱的孩子们。我做的所有工作都是为了你们。妈妈爱你们。

·我亲爱的丈夫。你的支持对我意义重大，我爱你。

·献给米歇尔。感谢你花时间耐心教我如何写书。

·我的祖母，弗洛伦斯·克拉克。

·最后，我要把这本书献给我心目中最完美的“淑女”。你是真正外表迷人、行为优雅的气质女性。我希望能继承你的衣钵。我想你。

各界好评

乔什·西普 作家、电视名人

“很遗憾，在我们生活的世界中，女孩们都承受着很大压力，不得不牺牲自己的真实和完整来取悦他人。这不是我想给我女儿的未来，也不是任何年轻女孩应该承受的未来。庆幸的是，有杰茜·冯克。她很酷，可以做你的姐姐；她很智慧，可以做你的阿姨。这本书中的原则会帮助年轻女孩成长为一个有个性、有自信、有气质的真正的女人。”

塔拉·斯塔林 “夺回美丽”基金创始人、好莱坞著名化妆师

“对年轻女孩而言，杰茜·冯克是至关重要的真理之声，她能给她们提供方法、程式和灵感；告诉她们，如何理解自己真正的美，教会她们走向成功的生活方式。一个女孩如果知道她是谁，她真正的价值，她可能取得的成就，她就是无可匹敌的。”

米歇尔·密尔本 作家、商业导师

“杰茜帮助女孩们建立了自信和自尊，让她们明白，在这个世界上是有真正的危险潜伏在暗处的，同时，她还给女孩们构建了一处分享想法与梦想的安全港湾，让她们不必担心遭人指点。我真心希望每个年轻女孩都来读一读杰茜·冯克的书。”

|琳达·托格诺尼·M. 艾德| 文化推广人、作家

“励志又才华横溢的杰茜·冯克在年轻女孩中发起了一次革命，意在帮她们成为最好、最自信的自己。她教女孩们认识到自己独特的价值、无限的潜力，以及如何以自信和优雅的姿态生活。学会树立界限就能做优雅的精致女人，要设定标准、树立目标，调整好心态，才能拥有自己主宰的人生。再加上基础的自我防卫为你保驾护航。要做精致优雅的女人，就要先学会树立个人距离——以基本的自卫做后盾——还有如何建立标准、目标，以及用积极的态度活出开明的人生。”

|希瑟·里奇| 2014年世界最佳夫人选美冠军

“如果你想培养女儿的气质，本书是绝佳的学习优雅、自信、礼节的机会，而教授者正是美丽又有才华的杰茜·冯克。相信，以杰茜多年的训练经验和个人经历，她会让你女儿的未来有很大不同。”

|瑞秋·奥尔德| 高三学生

“杰茜·冯克教给了我们这些年轻女孩要成长为成功、强大的女性所需要的东西。杰茜能做的这么好，是因为她本身就是成功、强大女性的代表！”

给年轻的你

我为什么要读这本书?

Q：听着，杰茜，我很忙的。你能不能不要浪费我的时间，讲些什么小杯垫、两脚交叉、坐姿挺拔、用兰花指拿茶杯小口喝茶，还不忘眨眨眼？这样就算变身气质女孩了，对吗?

A：不对！除非你生活在十七世纪初，还喜欢被束腹内衣勒得喘不过气来！做个气质女孩只需做到自信、优雅，拥有独特的个性即可。在我们生活的世界中，这几点亟需被重新拾起。

Q：我为什么要听你说，杰茜？你以为你是谁?

A：我绝不会把自己标榜为地球上最优雅、最自信、最有个性的女孩，但我保证，我能理解你现在所经历的一切：被欺凌、欺凌别人、没有安全感、悲惨的境遇、进食障碍、不健康恋情、恋爱对象的暴力、习惯性地讨好他人、犯错、尴尬、抑郁、父母离异、嫉妒、总觉得自己不够漂亮、不够聪明、不够有趣……就是不够好！好消息是，我学会了如何爱自己和尊重自己——虽有缺点，但仍不惧挑战的完整的自己。

在这本书中，我会为你写下我每天都在使用的方法。我知道它们也能帮到你。当你在生活中面临挑战时，你会需要这些方法来帮你爬起来，继续前进。

你将在书中读到以下内容：

- 12个技巧。12章分别介绍不同的技巧，使你成为更有气质的自己。
- 23个方法。23个经过亲身实践且有科学依据的方法。
- “冒险故事”：我生活中发生过的一些疯狂的事。看完这本书，你会很了解我的——也许，你还会知道一些你不想知道的事，嘿嘿。
- 有科学依据的“笔记时间”。拿出你紫红色的荧光笔，准备好了解你自己吧！

在整本书中，我会分享一些科学事实和数据，而我也会讲出我对所有事情的看法。你有权利不同意我的观点，因为它们……只是观点而已。而我有很多观点。哈哈。

这本书的写作目的，以及我希望它能给你带来什么：

1. 让你了解到，什么是真正的有气质：强大、优雅、有素养、有勇气、果敢、有分寸、尊重人、快乐、自信。

2. 给你力量，让你取得自己生活的主动权！你有权利坐在你命运之车的驾驶座上，担负起你的责任，去驾驭它。

3. 让你意识到，你值得得到什么。你应该过上美妙、幸福的生活！

THE LOST ART OF LADYHOOD

目 录

SKILL 1 建立自信

树立目标 SKILL 2

SKILL 3 保持积极的精神态度

目 录

THE LOST ART OF LADYHOOD

目录

目录

SKILL 10 掌握社交及用餐礼仪

SKILL 11 知晓为母之道

SKILL 12 服务他人

SKILL 1

建立自信

女孩最美的配饰就是自信。

|奥黛丽·赫本|

自信是这本书中所有想法的基础，下面，就让我用自己的冒险故事，来解释一下它为何如此重要吧！

我的冒险故事
——要有信心决定自己的未来

“杰茜，你想当出名的歌手吗？”他们一脸兴奋地看着我。

“你们在开玩笑吧？”我尖叫道，一边用双手遮住脸上的傻笑。

他们面带微笑看着我，好像在看圣诞节早晨的5岁小孩。

“我们想让你搬到佛罗里达州来，做下一个布兰妮·斯皮尔斯。”

我用2.7秒的时间认真思考，然后喊道：“呃……啊！当然可以！”

接着，我就开始把自己房间里的东西打包，安排独立学习课程（当时我才15岁，刚要上高二），跟家人道别，搬到国家另一端的佛罗里达州奥兰多——男孩乐队（the boy band）和小甜甜布兰妮等歌手的创造地。

我一直以来都是歌手。

一开始是每周上声乐课，整整上了12年；然后又发展到在游园大会和声乐比赛上，给一群闹哄哄的七八岁孩子表演；后来，又在各类家庭聚会上全程微笑着即兴演唱；直到后来，我才开始跟我的乐队一起，为几千位观众表演。

我一生都在梦想出名。我花了很多时间看杂志，看电视，研究所有伟大的表演者——惠特尼·休斯顿、席琳·迪翁、菲丝·希尔……她们都是我的英雄！

从闪亮的书页里和完全真实的媒体宣传中，我能看出她们都有一个共同点，那就是——幸福！那时，还天真得不得了的我，真的相信，只要出名，只要脸能被印到各类产品上——飞盘上、T恤上、悠悠球上（当然，你的脸也得适合印在圆形东西上才行）——就一定会幸福。当你的世界充满魅力、美貌、金钱，还有名声时，还能有什么问题呢？什么也没有，什么问题也不可能有。

而我想要拥有这一切。

我跟我最好的朋友——跟我一起踏上这次冒险的4个男孩——一起来到了佛罗里达州。那里的一切都符合我们的期望。我们住在宫殿式的大房子里，后院就有湖，甚至还有两辆水上摩托车。我们在估值好几百万美元的录音棚里唱歌，跟很厉害的制作人合作，还有《米奇俱乐部》的伴舞跟我们一起跳舞！（《米奇俱乐部》，the Mickey Mouse Club，迪士尼打造的第一部青少年综艺节目，曾先后捧红小甜甜布兰妮等知名巨星。）

最棒的是，我只要想去购物，他们就会直接给我一张信用卡！这是开玩笑吧？当时我就知道，我到达目的地了。我生活在梦境之中了……一场充满流行歌曲、hip-hop舞蹈、辛勤工作、给狂热的粉丝表演的梦开始了。

然而不到两个月，奇怪的事情就发生了。我梦想的火花似乎在熄灭。某天早晨我做得尤其过分，我记得自己睁开眼，睡意朦胧地翻过身来看了看表：中午12：23了，太阳已经高高升起。然后我翻了下身，接着又睡着了！那天，我本应在好几百万美元的高级录影棚里唱歌，可我竟然去睡觉了！这是怎么回事？这样的事又发生了几次，我开始思考这到底是怎么了。

去录音时，我不再激动。跳舞时，我也不再激动。就连提到我的梦想时，我都不激动了。幸福开始变得模糊。我批评自己——这才两个月啊，杰茜！你真的这么快就变成了一个懒惰、忘恩负义的人了吗？你不想努力去做到最好了吗？把你的翘屁股从床上挪下来，该动一动了！（没错，用的就是“翘屁股”这个词。）

之后的几周，我尽力投入百分之百的精力。我没有告诉任何人我感觉自己多么懈怠——我只是强挤出微笑，去工作。但是，我进行这一系列的活动时，还是开始注意一些事情。

比如说：

哇哦！他们真是太想让我少穿点衣服了。我真不想挤进那件紧身无带上衣里！

还有，哇哦！他们让我唱的歌词真是恶心。我才15岁啊！他们就不知道这些歌词对我来说很过分吗？

还有，哇哦！他们居然想让我跳那种舞？真是太讨厌了！拜托，我都受不了看别人那样跳舞，更别说自己跳了！

最难办的，是我的经理。我们就叫他……鲍里斯吧。鲍里斯是帮我付钱的人，这就意味着，我必须满心感激，永远感激他为我做的一切。

还有一条不言自明的规则，那就是，如果鲍里斯命令我去一边找癌症的治疗方法，一边创造跳跳鼠时长记录，一边在额头上煎鸡蛋，我也得做到。

可是呢，我是个有独立精神的小火苗，自己还颇为自豪。于是，有一天，我决定把头发染成火红色。我简直是在挥洒酷的气息啊！染发是暂时的，一两个星期就会被洗掉了，但这仍然是严重的判断失误！我没有得到准许。我不知道这样的小事还需要被准许。

鲍里斯一看到我的头发就气炸了。他开始尖叫——不只是大声说话，是真的尖叫——那声音只有一个一米八几、两百多斤重的可爱大彩球才能发得出来。

“你竟敢不经过我的准许就染头发？！你做任何事都要先问我！你知不知道我在你身上花了多少钱？你个忘恩负义的小

××！”这些打马赛克的脏话都是他直接冲着我吼的。

那时，我就像被一个冰球打在了脸上，一下子意识到：这个梦想的代价太大了！

鲍里斯拥有一家夜店——意外吧——或者更准确地说，一家恶心的酒吧，挤满了又老又脏的醉酒男人，还满是油腻腻的炸鸡。

我跟我的4个伙伴都要在这里表演、休息、吃东西。想想看，你才15岁，从来没有离开过家人，还很天真，就进入了这样有些名声的场所，你不明白自己可能会被卷入什么样的事。

这有点像拿一包玻璃碎片给一个婴儿。简单来说，公式大概是这样的：可爱的少女穿着暴露的衣服+喝醉的好色老男人=极其骇人的情况。有很多六七十岁的老男人来调戏我。这可是祖父跟孙女的年龄差距，想想就觉得很恶心。现在，我想起来都感觉自己想吐。

我像个芭比娃娃一样——他们给我打扮，告诉我唱什么，怎么跳舞，采访中说什么，甚至连我的未来都要按照他们能获利的方向来。说实话，这吓坏了我。我讨厌被操控的感觉……讨厌不像自己的感觉。

这种想法越来越多地在我的脑海中盘旋——我想决定我的未来！我不想让别人来决定我的生活。这是我自己的生活！

即便过去这么多年了，在写这些时，我还是有些激动。那时的我感觉都要窒息了，像被关在幽闭空间里。那时，我已经完全明白，名声并不像我当初想的那样，会成为源源不断的我的幸福源泉。

实际上，那是我一生中最痛苦的一段时间，而这种情况才持续了4个月而已！这是我第一次感觉到抑郁，我讨厌这种感觉。一切都变得疯狂，虽然我从没想过我会有这种想法，我却开始想离开了。

我回到犹他州去休假。我的家人们看到我很高兴，而我见到他们更是狂喜！为什么跟你爱着并爱着你的人，那些给你安全感、给你注入活力的人在一起感觉这么好呢？我也不知道……但一定有什么秘方在发挥作用！跟家人在一起是最棒的！

我花了很多时间来考虑我的选择。我要留在犹他州，放弃我爱的梦想，很快乐地生活着，还是回到佛罗里达州，咬牙坚持，试图成名，让别人告诉我怎样生活，越来越悲惨呢？听起来，这貌似没什么大不了的，但那真是个艰难的选择。要知道，自打我记事起，这就是我的梦想。最终，我选择了快乐，而不是名声和金钱。我解除了合约。

我知道你在想什么——为什么她就不能站出来，不受他们的控制呢？

这是个很好的问题，我很高兴你这么问了。这个问题的答案是我写这本书的原因，是我如此热衷于现在的事业的原因，也是我真切地关心你们的原因……

不管你是谁，是富裕还是贫穷，年老还是年轻，是双鱼座还是喜欢民间传说中的小妖精的爱尔兰人。如果你在读这个，有那么一点点兴趣想要成为最好的自己，那我就有兴趣帮你。

回到刚才的问题上，我为什么没有为自己说话呢？答案是……信心。

或者说，在这件事上，我缺乏信心。

在佛罗里达州时，我还不够强大，不会说：

“不，我不要穿那条迷你裙。”

“不，我不要唱那些歌词。”

“不，我不用获得你的准许也可以染头发。”

我对自己的评价还不高，不会强硬起来，简单地说：“不。”

我因为缺乏安全感，给了他们可乘之机，让他们得以控制我。我让他们控制我，是因为我的不安全感。这让我很难忍受。自我怀疑是人性背后燃烧的暗火，总会导向悲惨的境遇。

实际上，这让我愤怒。它也很难掌控，因为没有一个开关一样的东西能让我轻易控制这件事。要把那种很无助的感觉踢出你的生活，需要时间、练习，还有力量。

那几年之后，我开始很认真地学习自信。我研究自信，梦想着自己能够变得自信，试着练习自信，现在我开始教别人自信。

这并不是说，我觉得自己是个专家；而是因为，我真心希望，当我是个少女时，能有人教我一些东西，那些我即将与你们分享的东西。

在低落的时候，我明白自己并不孤单——这很重要。

下面是美国一些关于自尊的疯狂数据：

- 缺乏自尊是一种思维障碍，有这种障碍的人会认为自己信心不足、没有价值、不被人爱，或是能力不足。一旦形成这种对自己的消极看法，它会渗透进日常生活中的每一个想法，从而导致错误的推论和自暴自弃的行为。
- 高中生里面，有44%的女生和15%的男生在尝试减肥。
- 15到17岁的少女中，超过70%的人会因为觉得自己外形不好而回避日常活动，做出逃学之类的事。
- 研究显示，75%缺乏自尊的女孩有自残、欺凌、吸烟、酗酒之类的消极行为，或有进食障碍。相比之下，这个数据在不缺乏自尊的女孩中是25%。
- 20%的年轻人有抑郁的经历。

我向你保证，这本书里有很多实用的方法，而不是治标不治本、只是安慰人的陈词滥调。

自信是变成气质女孩的12个技巧中最重要的一个，会贯穿于全书中。

自信是一切的基础。我很激动，因为这些技巧在我战胜自己的不安全感时，被证明非常有用。

其中的区别很简单，这就好比站在镜子前尖叫：“啊啊啊！哦，杰茜，今天千万不要出门——你会吓坏小孩子的！”或是：“好了，杰茜，今天我要好好过一天！”

我学会了自信，还为此很着迷——我的自信让我能够跟你分享这些改变了我生活的简单概念和想法！

每次我写下有科学依据、在生活中能用到——甚至心理学博士都会用来帮助病人——的技巧时，我就叫它“方法”。在你挣扎、需要做决定时，或是需要帮忙以理清自己的思绪时，它们都是你能用到的救兵。

—方法1—
做不到就先假装

虚拟情境1：

咱们就假设你坐在公园的长椅上看路过的行人。你看到一个美丽的年轻女孩，留着棕色长发，穿着红上衣、牛仔裤。她把书抱在胸前，低着头看着地面快速走过。她耷拉着肩膀，不停地把头发别在耳后，躲躲闪闪地打量着四周。你能想象到这个画面吗？你对这个女孩的看法如何？

她是个什么样的人呢？要记住，得是你完全不认识这个人。她害怕吗？没有安全感吗？还是紧张呢？好吧。你要告诉我，从这个女孩的走路姿势，她有没有挺直背，她的手在做些什么，你就觉得她是个缺乏安全感的人？有意思！

虚拟情境2：

同样是在公园的长椅上，但这一次你看到的是另一个女孩。她穿着荧光绿色上衣和条纹紧身裤。她直视前方，步伐快速而平稳，脸上挂着淡淡的笑，她的肩膀挺得直直的，昂首挺胸。你觉得这个女孩又是什么样的人？

幸福？强大？有趣？自信？这也是有意思的观点。你是在告诉我，光凭她走路的站姿，你就认为她自信？太有意思了！

好了，最后一个问题。你觉得这个女孩看起来自信，但是她要是并不自信呢？

其实，她的脑袋里可能是这样想的，我可千万别摔倒在人行道上。我还是不要去上下一节课了吧——反正我这么傻，肯定会挂科的。那个男生是在看我吗？他可能被我大小不一的耳垂吓坏了吧……如果她实际上是在想这些毁灭性的想法，你还会相信她是个自信的人吗？当然会了！因为你不可能知道她脑子里在想些什么，当然也就看不出来了！你看不出，这很正常。

可见即现实。如果你散发出自信的气息，表现得很自信，就没有人能看出你到底是不是真的自信！这就叫“做不到就先假装”。

你问过自己这些问题吗？你喜欢她走路的姿势吗？那种自信是一种好的品质吗……是吸引人的气质吗？你想跟这个人相

处吗？这是你想要展示给别人的自己吗？你有没有觉得，你把自己美好的一面隐藏起来了，不让这个世界看到？自信、果敢、美好、有趣、放松的一面？如果有，那就想一想吧。

我不是在教你假装——我是在告诉你，你有权利去尝试成为你想成为的人！你有权利把自己那果敢、快乐、强大的一面从幽暗的盒子里取出来，让它成为你日常形象的一部分！

我强烈建议你去尝试一下。如果你试了，用一百分的精力去试，我可以保证，有两件事会发生。

第一，人们容易被蒙蔽的程度会超乎你的想象。

第二，真正做到自信的程度也会超乎你的想象。

你会真正开始喜欢自己。你会发现自己有多强大。你会发现让你本就具备的光芒闪耀出来之后，你会有多幸福！

我坚定地相信，如果你在做不到的时候假装，一段时间之后，你就会变得自信，只因为你会发现，人们会根据你的行为方式来对待你。

如果你选择挺直背，站直了走路，保持微笑（即使你并不想那样），人们就会按照你的形象表现出来的那样对待你。他们会把你当成自信的人来看。

我强烈建议你挑战一下自己去尝试一下。结果会是令你意外的惊喜，过程也会是有趣的经历。我再次建议你去尝试一下。你会有所惊喜，会经历一个有趣的试验。我第一次尝试的时候就被惊到了。这真的有用！赶紧去试一试吧。可以说，这一尝试改变了我的人生。直到今天，在遇到新的、可怕的情境时，我还是会用它。

我小的时候，很没有安全感，我不是那种“漂亮女孩”，感觉世界整个是一团糟。为了博取注意力，我还做过一些夸张烦人的事。成年之后，我总害怕别人能透过我成熟的外表，看到当年那个任性的小女孩。可事实上，他们看不到，永远看不到那个女孩。

人们只能看到你展示给世界的自己。做不到，就先假装……最终你总能做到的——而且比你想象的还要快！自信就像一块肌肉，越锻炼，越强壮！

还是不信吗？那就试着想象几个情境吧。想一想你最喜欢的歌星、作家，或是演员。

J.K.罗琳，超级厉害的《哈利·波特》系列的作者，是我很崇拜的人之一。（你要知道，我对这些书和电影是有点小痴迷的。）那么，咱们就想象你心里很棒的那个演员、歌星，或是J.K.罗琳，遇到完全处于自己舒适空间之外的情况。就假设，罗琳女士被邀请在布朗克斯一所中学的毕业典礼上发言。她完全处于陌生的环境中，紧张得都要吐了。你觉得J.K.罗琳会怎样进场呢？她会不停地摆弄头发，或咬嘴唇，或看着地板，耷拉着肩吗？不！她进场5分钟就会掌控全场——我保证！她走进去，会立即成为纽约市的女王。她会选择自信。

我要再说一遍，自信就像一块肌肉，越锻炼，越强壮。

给习惯讨好别人的人

自信的一个重要表现就是敢于为自己说话。要学会以优雅、机智而又坚定的方式开口要你想要的，对你不想要的要学会说“不”，这是一种巧妙的艺术，很少有人天生就会这个。

我一辈子都在受一种习惯的折磨，那就是——讨好别人。我总是太想让自己的外表和行为都完美，想让我周围的人都高兴，结果却经常让自己卷入一些很为难的事，得到惨痛的教训。

下面要开始严肃起来了。我要告诉你的这件事是我的隐私，我之前从没想过要把它讲给别人听。这件事深刻地影响了我（还有我的自信心），给我带来了一系列的羞愧、愧疚感，还有不安全感。我还是在开始写这本书时才回忆起这段经历。我很确定，是我自己把它屏蔽起来，隐藏起来了，不想再去面对。我居然连续做了3个这样的梦，还很真实，这让我感到很奇怪，就好像是有人故意在给我发信号，告诉我是时候面对了。

我希望，下面要讲的信息能让每个读到这本书的人学到一些什么，以避免同样的错误。在写这个的时候，我才意识到，其智慧之处在于，我们必须足够勇敢，才能面对过去，以健康的方式处理我们的经历和情绪。不然的话，我们就会变得悲惨、愤怒，不允许自己的伤口愈合。

谈到痛苦的往事，是无论如何也优雅不起来的，在写这部分时，我更是心中充满了恐惧。而这也是我想要谈起这个的原因，我想让你知道，我是如何想的。

我不是带着愤怒和仇恨的想法谈起这些的。做好了铺垫，下面就得有意识地放下对这个敏感话题的恐惧，提出这个重要的“议题”了。说完这些，我要有意识地放下恐惧，开始这段重要的谈话。我想告诉你的重点是，要自信，必须先与过去和解，原谅自己，允许自己继续生活。

我的冒险故事

——对渣男的隐忍就是对自己的残忍

那件往事是这样的……

15岁时，我跟一群男孩玩耍。由于我总是很难交到女性朋友，交到了也很难保住友情，所以我总是跟男孩做朋友。其中一个跟我是很好的朋友。我们总是在一起玩，很开心。我们两个都对对方没有任何男女之情，只是单纯的友情。但是一天晚上，我们在看电影时，他突然就开始碰我不该碰的地方。他好像开玩笑似的，大笑着，逗我，但是对我来说，那不是玩笑。我非常不舒服。我不会讲细节，但这种情况持续了很久，在不同的场合发生过多次，还愈演愈烈。之后的情况太严重，我甚至害怕他会真的伤害到我。我要说的是，我的身体没有得到尊重，我却没有足够的信心去说：“不。”我太想讨好他，甚至因而不敢保护自己的身体。

我知道直接听到这样的话会很压抑，但我保证，这本书不会从头到尾都这样压抑的。

我分享这样私密的事，只是因为我需要你们明白，你的困境都不需要一个人面对。

我知道你们，读这些书的可爱的姑娘们，过去都经历过伤痛。也许还不至于严重到虐待的程度，也许你被自己的朋友伤害过，也许你的父母离婚了，也许你感到很孤独，也许你因为体重/粉刺/学习障碍/抑郁等问题而倍感挣扎。又也许，你的经历比我的要惨痛得多，你正因为童年所遭受的伤害而苦苦挣扎。

然而，我们都有过艰难的经历，未来也无可避免会遇到各种艰难险阻。生活就是这样的，你要找到足够的力量，走出这些风暴，给自己充分的爱，与痛苦的过去和解。我们需要学会寻求帮助，学会宽容，以走向光明的未来。

这就是自信——学会爱自己。

准备好看下一个方法了吗？姑娘们，我保证：如果你认真思考这本书中的方法，以及它们对你生活的帮助，以便让你的生活变得容易一些——不是真的容易，只是相比之下，因为你对如何面对生活中的艰难已经有了基本的认识。我知道这些，是因为我也曾经经历过，我还用这些方法帮助了自己。

—方法2—
习惯讨好别人的人，都有哪些表现?

太在乎讨好别人，真的可能毁掉你，毁掉自信。我甚至见到过许多为此而困扰的成年人。

我本人就因为长期习惯讨好别人的这个毛病，经历了不少痛苦，所以我明白它有多危险。

因此，最好现在就自我诊断一下，以免未来遭受更多损失。如果你习惯于讨好别人，是无法成为自信的气质女孩的。

下面是判断你是否有讨好行为的讨好者问卷。请选择最合适的选项，要对自己诚实。

- 当你的朋友想要去看一部愚蠢的恐怖电影，而你不想看时，你会说“不”吗?

是　　不　　有时

- 当你的朋友连续12天向你借1美元去自动售货机买东西时，你会给她吗?

是　　不　　有时

• 当你的男朋友想要跟你亲热时，你会事先就想好你会进行到哪一步吗？

是　　　　　　　不　　　　　　　有时

• 当你的哥哥本该照看妹妹，结果却在最后一分钟逃避责任、让你去替他时，你会放他走，自己照看妹妹吗？

是　　　　　　　不　　　　　　　有时

• 当你的妈妈逼你学小提琴，你却讨厌小提琴，而且很肯定自己将来不想拉小提琴，只是觉得对不起妈妈为此花的钱，才去学时，你是要继续呢？还是会跟妈妈谈一谈？

是　　　　　　　不　　　　　　　有时

• 苏西·卢（你们一群朋友中的大姐大）开始说关于莉莉的八卦。而你跟莉莉是好朋友。她说的话很难听，而且你知道那不是真的。你会替莉莉说话吗？

是　　　　　　　不　　　　　　　有时

• 你无法按时交一项非常重要的作业，你知道数学老师会为此对你大发雷霆。你会不会编个大谎言，说你以为自己得了阑尾炎，去了急救室，或是别的什么夸张过分的理由，以躲避她的批评？

是　　　　　　　不　　　　　　　有时

如果做完这个问卷之后，你发现自己可能习惯性地讨好别人，那么，好消息来了——你还是有希望改掉这个毛病的！而且，你也不必做什么康复治疗。你只需要有改变的决心和勇气就行了。

很多习惯于讨好别人的人，会因为不知道怎样说“不”而备受折磨。咱们都拉钩发誓，有难搞的情况时，告诉自己，要勇敢地说“不”。

—方法3—
五种说“不”的方式

1.“不”是一个完整的句子。你不需要解释、辩解、或是找借口。你甚至不需要有理由。

2. 立马走开。你可以直接忽略对方，这样能发出一条有力的信息。

3.“我妈妈不允许。”相信我，你借父母的名义从为难的处境脱身，他们会为此而很高兴的。

4. 运用幽默的力量。通过开玩笑把自己解脱出来。你可以说：“我得去帮我的猫剔牙了。”或者说：“我要练卡祖笛子了，没时间。”

5. 完全坦诚。你可以说：“这样让我感觉很不舒服。”或是：“你吓到我了。”又或者是：“抱歉，我不喜欢这样。”完全坦诚是个好方法，因为你同时还在锻炼自己自信的肌肉。

—方法4—

请选择相信自己

《功夫熊猫》是我最喜欢的电影之一。

我女儿会跟我一起上空手道的课，我还有个5岁的儿子，已经展露出了功夫高手的才华（就是说，用塑料玩具打架时能打赢他姐姐，哈哈）。

那部电影我好像看了746遍了，现在，我特别想尝尝电影里的“秘制浓汤”。既然谈到这里，我也想不出比《功夫熊猫》更适合本章的例子了，那我们就用它吧。提前警告——如果你没看过电影的话，下面的文字会有剧透。

电影的主人公一开始是一个可爱却有些尴尬的熊猫，名叫阿宝。阿宝的梦想是成为一个功夫大师，但周围的人都告诉他，他不是学功夫的料。但紧接着，神奇的事情发生了。乌龟大师（一个行动缓慢的乌龟，碰巧有惊人的武艺）选择了阿宝做“神龙勇士”——史上最厉害的功夫大师。阿宝花了整部电影的时间，才意识到，他只需要选择相信他就是神龙勇士。

好了，你要知道，阿宝的爸爸会做著名的“秘制浓汤”。

这是世界上最好、最美味的面汤。就在阿宝要放弃成为神龙勇士的那一刻，他明白了“秘制浓汤”的秘密配料是什么。

“什么都没有！”他爸爸告诉他，“根本就没有秘密配料。”

阿宝终于意识到，其实，也没有什么神奇的配料能帮助他成为神龙勇士。

他明白了，“神龙勇士”所要求的，他已经具备了，剩下的，他只需选择相信自己。

做出这一选择后，他就打败了大反派——泰狼。原来，他只需要释放自己的能量，相信自己即可。

他仍然是那个笨拙、害羞、搞笑的做面条的吗？是的！但是他发现，他还可以做更多，那就是：他可以选择掌控自己的人生！

我知道《功夫熊猫》只是一部动画片，但它在讲述一个美丽的真理：我们可以选择相信自己的力量，选择美好生活。选择相信自己，是你在树立自信时可以用到的另一个方法。

现在，赶紧拿出你最喜欢的荧光笔吧。这本书里陆陆续续会有很多空白的地方，可以让你记下自己的想法。不能不写作业哦，姑娘们——记录吧！这些问题可以帮你锻炼自信的肌肉。

笔记时间

你害怕什么？

如果你选择面对这些恐惧，可能会发生的最糟的情况是什么？

考虑一下会遇到的风险，想一想：你有必要去克服这些恐惧吗？

如果你不克服这些恐惧，会发生什么？

制定一个计划，召唤你内心的神龙勇士，战胜自己的一个恐惧。

打好根基

这些方法和故事是要帮你意识到，自信是可以学到的！

如果你想要变得更加强大，有良好的自我感觉，就要做到：

1. 对自己有充分的了解。

2. 相信自己的能力。

3. 相信自己能达到别人的期望。

学着变得更加自信，你就会向这三个目标靠近。

自信是你的人生根基。你可以建造高大、雄伟、美丽的摩天大楼，但若是没有地基，它终会坍塌。要建造伟大的建筑，你得先学会爱自己。亲爱的，你生来就是做伟大的事的！

挑战

花一个星期的时间，选择自信。看看会有怎样的魔力被释放！……一切都取决于你的选择！

写下你的经历：

THE LOST ART OF LADYHOOD

SKILL 2

树立目标

每天做一件自己害怕的事。

|埃莉诺·罗斯福|

既然谈到了目标，那我就说说，我在这一章中的目标就是让你们意识到一个残酷的事实：没有人可以把成功送到你手上。

你的父母不能替你做俯卧撑，你的老师不能替你记课程表。要想成功，你必须努力。

请树立下面这几个方面的目标，我知道它能帮到你！

1. 明确你的身份归属。

2. 梦想。

3. 专注。

4. 时间管理技巧。

一、明确你的身份归属

在整本书中，我们谈过许多能帮你强大起来的技巧！现在，你需要做出选择，决定你是谁，你想成为什么样的人。

要完全掌控你自己的身份——你可爱性格的每一面。你是独一无二的，你是非常美好的。

永远不要隐藏真实的自我，或为了讨好别人而改变自己。

你要明白，在选择未来之前，必须先明确自己的定位——或者哪些目标于你而言更重要一些。

咱们一起来探索身份归属这个话题吧。

下面是有关我个人的一些搞怪小爆料——浏览我的宇宙：

- 我厨艺很差劲。
- 我喜欢循环利用。
- 我怕黑。
- 我讨厌对动物不好的人。
- 我爱美国——我是个自豪的爱国主义者。
- 我的跳跳鼠技巧无人能敌。
- 我是个有意思的妈妈。（在我家玩捉迷藏可是很欢乐的！）
- 我爱老爵士乐，还有二十世纪二三十年代的黑白电影。
- 我最爱的动物是海牛和英国斗牛犬。
- 我最爱的食物是阿弗雷多酱配面包棍……香！
- 虐待儿童的问题让我心碎。
- 我会收藏主题乐园里那些被砸坏后成了椭圆形的游戏币。
- 我喜欢做梦。
- 我特别爱逗别人笑、启发别人思考。
- 我最真诚的愿望是，希望能在这个世界中做一些有意义的事，留下一笔财富。

这些都是让我变得独一无二、变得重要的事。要了解我整个人，还有很多小方面需要了解，但这些是其中重要的部分。

没有认清自己的身份定位，就无法设立有效的目标。不过不要担心，身份归属是会随着时间而不断变化的。

—方法5—

请走上自我发现之旅

那么，你究竟是谁呢?

下面这些问题足以帮助你回答这个问题，带你走上自我发现之旅。

笔记时间

拿出你最炫目的笔来，请回答以下问题：

你的长处！你爱自己的哪一点？你最擅长什么事？

你不擅长的事。开门见山吧……你生活中哪个方面很糟糕？你做什么事做得很烂？

如果你能无限量地吃某种食物，你会选什么？

如果你是种动物，你会是什么？为什么？

笔记时间

你一生中最想完成的目标是什么？

你小时候最爱的超级英雄是谁？为什么？

你在夏天最爱做什么？

如果有人把你的一生拍成电影，电影的内容会是什么？你想让哪个演员来扮演你？

选一种冰淇淋口味代表你，会是什么口味？为什么？

笔记时间

什么事让你悲伤?

什么事让你愤怒?

你最爱的卡通人物是谁？为什么?

让你选世界上任何一个地方游览，你会去哪里？为什么?

如果你有100万美元，认识很多可以帮你的人，有无限多的空闲时间，你会做什么?

笔记时间

你早晨效率更高还是晚上呢？

你最大的爱好是？

你最受不了什么？你讨厌自己身上什么奇怪的特点？

你吃过的最奇怪的食物是什么？

对于你的每一个家人，你最爱他们的一点是什么？

笔记时间

你有没有什么独特、古怪的习惯？

用3个词描述你自己。

你的偶像是谁？有没有你很仰慕，希望成为的人呢？你有没有特别想学习的别人身上的一些个性呢？

让你激动的事有哪些？

你小时候给自己树立过什么目标呢？

笔记时间

你觉得自己的命运是什么？你的人生目标是什么？

你希望5年后或10年后的自己是什么样子的？

你害怕什么？

有没有什么你希望自己小时候做过，却没能做的事？

过去一年里，你学到的最重要的东西是什么？

笔记时间

父母给你的建议中，你真正采取的建议有哪些？

你的父母或监护人抚养你的方法中，你最喜欢哪一点？

你总拖延的事。

最能给你灵感的5件事。

笔记时间

你最爱/最幸福的童年回忆有哪些?

换句话说，哪些是你的最爱。

食物：

电影：

爱好：

运动：

气味：

书：

动物：

宠物：

甜点：

歌：

乐队：

商店：

品牌：

杂志：

网站：

视频：

社交网站：

笔记时间

然后回到深度思考：

你想弥补什么错误？

如果你可以做一天女王，你想通过或修改什么法令？

全世界你最爱的地方？

如果你能让某个人消失，会是谁？

如果你今天就会死掉，你最想念的人是谁？

笔记时间

你看了一遍又一遍的电影或书是什么？

当你90岁时，想参与什么样的活动？

如果你和家人失去了所有财产，流离失所，你会怎么做？

你一直想试试的事，即使只是一次。

今天的你与去年这时的你相比，变好了吗？

笔记时间

你在家最爱做什么？

如果你在一艘将要沉没的船上，船上载着你认识的所有人，而你只能带两个人跟你上救生艇，你会救谁？

别人怎么看你？

你希望自己生后留下怎样的财富？

你是谁？你想在人生中成就什么？

有这么多关于身份归属的想法在脑海中，赶紧趁热打铁写一份任务宣言吧，来表达你对美好世界的设想。就一两句话，可以用来激励自己，在你开拓的这条强大之路上继续走下去的那种。例如：我的——等我90岁了，坐在养老院里吃着果冻，我希望我为自己所做的决定而自豪。就这么简单。就是一句能做你个人格言的话。

任务宣言

二、梦想

作为一个歌手，我经常被问到我是如何开始歌唱事业的，以及我对想要进入这一领域的青少年有没有什么建议。在这一问题上，我能分享的唯一有价值的建议就是，只要唱就好了！

如果你的梦想是吹卡祖笛，那就去吹；如果是画画，那就去画；如果是游泳，那就去游……不论你的艺术以怎样的形式体现……都只要去做就好了！不管在何处，听众是谁，是什么时间，都唱。冷的时候唱，生病的时候唱，累的时候唱，每天早晨起来第一件事就是唱歌，在阿姨家通宵玩色子游戏时也唱。只要唱就行!

如果你知道自己能为任何人唱，在任何地方任何时间唱，当真正的机会来临时，你就会有自信，相信自己能唱好——你永远不知道听众里会不会有伯乐。

把你的梦想套进这个思路中。如果你想成为奥林匹克跳跳鼠运动员——你就每天都花一定的时间来练跳跳鼠，不论风吹雨打。病痛、寒冷、疲劳、饥饿都无法阻挡你——你就是要练跳跳鼠！如果因为借口，你放弃了为梦想而努力，那你就是放弃了自己成功的机会。

写下你的3个人生梦想。如果你不知道该写什么，那就从最能让你开心、激动、放松，最能激励你的3件事开始。

笔记时间

我的3个人生梦想：

1.

2.

3.

三、专注

“人越努力，就越幸运。”

——佚名

你听说过两支考察队比赛去南极的故事吗？第一支队伍由罗尔德·阿蒙森领导，第二支由罗伯特·福尔肯·斯科特领导。阿蒙森的队伍决定他们每天都要走20英里——不论天气好坏——无论如何也不动摇。斯科特的队伍决定他们能走多远就走多远，要看天气。猜猜谁的队伍赢了？

没错——阿蒙森的队伍不仅率先到达了南极点，还全部生还归来了。很不幸，斯科特的队伍不仅输了比赛，还失去了生命。他们队伍的每一个成员都遇难了，包括斯科特本人。

吉姆·柯林斯和摩根·T.汉森在他们合著的书《选择成就卓越》中创造了“20英里法则”一词，就是说阿蒙森的队伍每天都坚定不动摇地行进20英里的目标，把这一法则运用到商业世界中。这一法则在日常生活中也可以用到。不论你是想开始执行一个锻炼计划，想学一门新的语言，还是想养一些蚕，设立一个目标，每天坚持达成目标，这条路肯定能带你走向成功。

你的20英里法则是什么呢？你需要设定一个怎样的目标，每天都坚持执行呢？你愿意为这个目标付出多少努力呢？你有多想完成这个目标呢？这只有你能给出答案，也只有你能去实现这个目标。如果你没有梦想，没有野心，那也不要担心。坐下来，放松一下，吃一点奇多饼干，同时想象着自己穿上成熟女性的长裤，去努力工作。我们要掌控这个世界！我猜你是有梦想和野心的——不然你又为什么会浪费时间读这样的书呢？

我在音乐领域学到这样一个道理，没有人，根本没有人，会拉着你的手领你走向成功。我是唯一一个真正在乎我的职业生涯，在乎我的梦想的人。我是唯一一个渴望这件事，想要让它发生的人，所以一切都要建立在我的职业操守和我的努力之上。我想要成功，我就是唯一一个能取得它的人。没有捷径，也许有人能给你启发和灵感，可最终需要努力的人还是你自己。

有些人确实看起来很幸运。凯莉·克莱森是我最爱的歌手之一。她在《美国偶像》中的胜利似乎让她一夜成名，但如果你认真读她的故事，就会发现她已经努力了很多很多年。正是因为之前的努力，她才会在《美国偶像》这个机遇到来时做好了准备抓住它。

幸运就是准备遇到了机遇。

——塞内卡

机遇只与已经在舞池中的人共舞。

——小杰克逊·布朗

还需要更多烂俗的名言吗？还是说你已经懂了呢？

再回头看看南极考察队的故事，让我来问你一个问题。是什么让阿蒙森的队伍最终取得成功？我拿我的靴子打赌，是因为他们设立了一个明确的每日目标，而且坚定地每天都执行。

罗尔德·阿蒙森说：“我想说这是最重要的因素——考察队的准备——预测出每一个难题，做好预防措施，避开或解决这些难题。胜利等待的是那些让一切井井有条的人——人们管这叫幸运。对于忽略必要预防措施，不及时采取行动的人，失败是必然的结局，而这，就叫倒霉。”

我想让你认真地想一想自己的20英里法则。你愿意每天付出多少努力来达到自己的目标？我知道我刚刚说过这句话，但我还要再说一遍——只有你能给出这个答案，也只有你才能实现这个目标！捷径是不存在的。

设定一个现实的每日目标，朝着一个非常明确的目的努力。这个目标就是你的20英里法则。

这个例子就是一个具体、日常的目标：如果你梦想成为职业hip-hop舞者。那你的20英里法则就是每天有20分钟的时间专门即兴舞蹈。日常目标需要设定为你每天想要做，而且具有一定挑战性的事。

我建议你去尝试一个很重要的目标，那就是提高学习成绩或工作业绩。我知道这不容易，但努力是值得的！我上学的时候有一个提高成绩的小窍门，那就是做完作业就犒劳一下自己。比如我不做完作业，就不能看最爱的电视剧，或是不能给自己做最爱的芝士通心粉晚餐。这是一个非常有用的日常目标，当你得到奖学金，将毕业帽扔到空中时，会觉得自己像个摇滚明星！

我的目标是这个学期得到3.5以上的GPA（平均成绩点数。GAP是美国大多数大学及高等教育院校采用的一种评估学生成绩的制度，同时也有小量中学采用这种制度），把这个写下来。下一步要难做一些。我要怎么实现这个目标呢？我写下为了实现目标，我每天都要做的3件事，也许是：上课（一向管用）、每天学习一小时，写完作业看看最爱的《哈利·波特》电影犒劳自己。该你写了。

笔记时间

我的20英里法则——写下你的明确目标：

为了实现这个目标，我需要每天都做的事：

四、时间管理技巧

要更好地实现你的梦想，达成目标，就必须学会时间管理的艺术。下面，我就给大家介绍一些高效管理时间的技巧。

1. 要现实

就像我们在20英里法则中讲过的——你的目标必须现实，不然就无法实现，无法实现，你就会有愧疚感。追逐梦想就是为了高兴，所以定目标时一定要定自己有能力做到的目标！

当你想加入某项活动时，一定要理解这项活动需要你付出多少，包括时间和金钱。如果你愿意付出这些时间和金钱，那就去做吧！只要记住留出足够的时间学习、工作就行！

2. 用日历记录日程

完全了解这天、这周、这个月会发生什么事，能帮你缓解压力，给你动力。

日历能帮你很好地记录作业、考试还有学校活动等。还能帮你记这些事：你的日常活动，测验或项目提示，家庭聚会之类的重要事件。日历有很多种，从口袋型日历到手机上的日历应用应有尽有。选择最适合你的，很快你就会发现，管理时间已经成了你的习惯。我还建议你把生理周期也记录在日历中。

记录生理周期，了解它，能让你更有准备。也有不少能在这方面帮到你的手机应用。

3. 将责任按轻重缓急分类

这点很难做到，因为你总会觉得对你重要的事特别多。这是时间管理中至关重要的一步，你必须成熟起来。你要明白，比起跟朋友一起第97次看那部言情电影，你的睡眠更重要，意识到这一点能在实现长期目标的问题上帮你的大忙。

给责任划分轻重缓急是时间管理的重要一步。除了把学习、工作和家庭放在第一位，把睡觉列在前面的位置也很重要。

睡眠能让你的身体健康起来，让你更容易集中精力。这一轻重缓急的划分可能会减少你玩手机和电脑的时间，甚至会减少你跟朋友玩的时间。虽然你的朋友对你也很重要，但你还是要先把所有重要责任都完成，然后再跟闺蜜约出去玩吧！

4. 留出放松时间

你要知道，照顾好自己才能成为最好的自己，所以我们当然也知道，花点时间休息、充电，才能实现目标。

一刻不停地忙可能感觉很好，但你也得留些时间躺下来，看看电影，读读书。这叫放松。你需要偶尔放松，好让身体缓一缓，准备迎接新的一天。但如果你压力特别大，可以跟父母谈谈你的感受。你可以跟他们商量减少你要参加的活动，因为你觉得自己应接不暇。跟他们坦诚一些，他们会欣赏你的成熟的。

把时间管理好，我保证你的自我感觉会爆棚的。管理好时间能缓解压力，让你感觉自己掌控着自己的宇宙。还有什么比这更能给你自信呢?

回顾

1. 明确你的身份归属：了解你是谁，决定你要做怎样的人，会在你人生中的方方面面帮到你，尤其是做有关未来的决定时。

2. 梦想：让你的想象带你飞起来吧！如果没有任何障碍，你会用自己奇迹般的生命做些什么呢？允许自己放飞梦想，编织出真正的奇迹吧！

3. 专注：记下你那奇迹的梦想，想办法让它成为现实。

4. 时间管理技巧：不管你有多有才华、多美丽、多幸运，若是没有很好的时间管理技巧，你都会走向失败。不要走上失败之路。你生来就注定伟大！

挑战

回顾一下你刚写下的梦想和目标，如耐克的宣传标语："事在人为！（Just do it！）"实现你的伟大目标，一切取决于我们的——什么呢？没错……选择！

写下你的经历：

SKILL 3

保持积极的精神态度

你若明白自己思想的力量，
便绝不会再有一点消极的想法。

|佚名|

请读一读下面的描述。

你早晨起床，看着镜子里乱糟糟的头发和睡意朦胧的眼睛，这样想，哦，天哪，我的兰塔 ，佩内洛普！你今天可千万别出门啊。你会吓得年老的邻居心脏病发作的！你这样子太丑了。你的膝盖是凸出来的。还有你的头发是怎么了？看起来就像《奥兹国的魔法师》里的稻草人全身的稻草都掉了，全粘在你头上了。还有，想都不要想跟数学课上那个帅气的西班牙男生弗莱德里科讲话，他对你不感兴趣，他怎么会对你感兴趣呢？你就是个灾难，没人想跟你这样的人约会。总之一句话，你倒不如走得远远的，到津巴布韦去，直接消失算了。

你此刻感觉怎么样呢？你觉得很温暖，很惬意吗？你心里有没有因为我刚刚散发的正能量而堆满了毛茸茸的兔兔和彩虹呢？还是说，你更愿意给我脸上来一拳呢？老天，这种话太压抑了！这种话伤人、悲哀，又衰又烦人，总之就是很消极。

那咱们再重新来一遍吧。

你早晨起床，看到的是同样乱糟糟的头发，同样睡意朦胧的眼睛，但你告诉自己，哇哦，佩内洛普！我简直不敢相信今天你的头发这样亮！我爱死你的美甲了——又多彩又好看。我不知道从前有没有跟你提起过，你的锁骨真是太美了。我有没有告诉过你，我特别高兴做你的朋友？我就喜欢跟你在一起，因为我觉得跟你在一起我可以做我自己，还很快乐。你能逗我笑。你的微笑能照亮我的整个房间！哦，你做的菠菜巧克力糕饼真是太好吃了。你真是个厨艺天才。

现在你感觉如何？这回好些了吗？我只想舒心地叹一口气，好好放松。语言是有力量的。你明白吗？我知道刚刚假想情况中的佩内洛普在不断打击自己的时候，你一定被影响到了。语言能激发出情绪。

语言中的力量，既可以给我们带来活力，也可以吸走我们的活力——还记得我的导师乔什·西普的观点吗？说这世界上有两种人——一种给人注入活力，一种吸走别人的活力。再问一次你自己：你想做哪一种人呢？

你会那样跟你的朋友说话吗？应该不会吧。但你是不是经常对自己进行类似的心理暗示呢？

这个方法的要点是，要想象这个画面，你自己站在镜子前，像佩内洛普在第一个例子中那样对自己说话。想一想，你告诉自己你胖、丑、傻、奇怪、尴尬、讨人厌，或者不够好的频率有多高？带着善意对自己讲话是需要练习的一件事——止如肌肉经过锻炼会变得强壮，我们锻炼积极的精神态度，也会变得强大。

我们若不断地用严苛、毁灭性的话语来毒害自己，在脑海中创造消极的气氛，那就只能过着严苛、毁灭性的生活。思想成就一个人。

对自己好一些，姑娘们！

选择乐观、选择积极是一种生活技巧，也是可以习得的。积极乐观的态度并不一定是基因决定的天生品质。下面是从一篇介绍乐观解读方式的文章中摘取的节选。文章指出了能帮助我们理解、理清不佳情境的几种方式。

想象一下，两个学生在一场考试中取得了同样糟糕的成绩。第一个学生想："我太失败了！我这门课总考这么差。我什么也做不好！"第二个学生想："这次考试难！没关系，这只是一门课的一次考试而已。我其他课都学得很好呢。"

这两个学生展示的是心理学家眼中的两种"解读方式"。解读方式反映了一个人对近期事件的3个因果问题的解读。这件事是因为我发生的呢（内在原因）还是因别人（外在原因）？它会一直发生在我身上呢（稳定）还是说其发生的原因可能改变（不稳定）？这件事会影响我生活中的所有方面呢（普遍的）还是独立事件呢（有限的）？

咱们先澄清一下这一理论在日常生活中的意义。当你面对一个挑战时——这种情况是无法避免的——你有权选择如何面对这一情况。下面这个例子将告诉你，怎样改变思考方式才能不被挑战击垮。

我在全国各地很多高中做过演讲。一次是在德克萨斯州，演讲完之后，我跟一群女孩聊天。她们轮流唱歌给我听，声音都很美！其中一个女孩特别害羞，但她的朋友们都鼓励她唱给我听。另一个女孩转身面朝她，说：“杰茜为什么要听你唱？”这句恶意的评价害得那个可爱的女孩哭了起来。我看到她，过去拥抱了她一下。

她告诉我另一个女孩的话，我问她：“那事实上呢？你唱歌到底好不好听？”

她思考了一秒钟，然后自信地答道：“好！”

那一秒钟里，她做出了一个选择。她选择不沉溺于另一个女孩投下的消极毒素，她选择直捣真相。一切都取决于选择。我们自己犯错误或他人对我们不好时，我们可以选择跟自己过不去，也可以选择寻找积极的一面。

对女孩来说，有一个领域总是充满了正能量和负能量的斗争，那就是……自我印象。让我们来谈谈这个重要问题。

你眼中的“美”是怎样的？

小的时候，我参加了很多选美比赛。我赢得了2001年树丛欢愉小姐的称号，还有气质小姐。成家以后，我还参加了犹他州夫人的选美比赛，甚至没进入八强，不过有我的朋友们帮我投票，我获得了气质夫人奖。我为凯斯维尔小姐选美比赛当了两年的指导，我还为犹他州小姐委员会当了一年的场外指导。我还主持、评审过数十场选美比赛。

我很感激这些选美比赛的经验。我学到了采访的技巧，知道了用多少量的发胶、多大的热力系数能卷出完美的卷发，学到了怎样在台上才能“轻松驾驭”场面（这里请脑补桑德拉·布洛克在《阳光小美女》里的样子）。我还学到比这些重要无穷倍，对我的意义也重大无穷倍的东西——我学到，在这个世界上除了美，还有很多很多重要的事！除了外在的美，能让你感到自信的东西还是很多的。

在小女孩和少女时期，我就很清楚自己并不是吉赛尔或海蒂·克拉姆那样魅力四射的T台名模，但我可以告诉你，我很美，我敢在山顶上这样喊。我知道《Vogue》杂志的时尚编辑并不会把我的脸放在他们的封面上，但这跟我的美没有关系。我能意识到这一点，是我的福祉。让我来解释解释原因。

当我们可以把“美”和自己的外表分开来看的时候，我们就可以允许自己在生活中的其他方面寻找“美”和力量，还有美好的东西。

我拥有很多天赋，它们对我来说都很重要。说实话，如果我需要做个选择，第一个选项是母亲/歌手/作家/演讲者，第二个选项是美得无可救药的时尚模特，我绝对会毫不犹豫地选择前者！我意识到外在美并不是最重要的，并接受这一事实，这让我获得了无价的自由——自由地探索多种才华，还有给我带来无限幸福的机遇。我希望你也能拥有这些。我希望你知道，你拥有定义“美”的权利。你可以选择怎样看自己。你可以选择为你健康、强壮、有力量的身体而庆贺，也可以选择跟那些用Photoshop修改过的模特杂志照片相比较，毁掉自己。更何况那些模特在现实生活中并不是那个样子的，也永远不可能那样完美。你对美的定义是你自己的选择。跟着我说：“我很美丽！”大声说出来，每天都说，选择相信这句话！

这里有必要澄清一下，我是一个萌妹子（特会全身心地享受自己的女性气质，不会牺牲掉个人性格特色或优势）。我爱打扮，爱化妆，喜欢穿高跟鞋，喜欢摆弄发型，这些我都喜欢。我很乐意说，作为一个女孩，打扮、保养、宠溺自己是很有趣的。

我想说的重点是，在这个问题上，我们需要在外在美和无价的内在美之间找到平衡点。学会爱真正的自己，而不仅仅是照片上的美，这是一种技巧，不光现在能帮到你，等你到了90岁，参加养老院里的选美比赛时也能帮上你。

在年轻时学会发掘、珍惜你的其他才华是一件无价而又有趣的事！我很爱这一过程，我发现我能让人们笑起来，我发现我可以让我的歌唱技巧更上一个台阶，我培养出了美好的职业道德，可以完成很多梦想，我还学会了做一个合格的朋友，倾听他人。如果我全靠外表赢得别人的关注和肯定，这些才能可能就不会得以发掘。所以，我想说，有时候你需要发现一个

“弱点”，它可能会成为帮你发现自己优势的良药。

我见过很多年轻时做职业模特的女性。这些非常美丽的女人告诉我，在年纪大了之后，随着她们的外在美开始褪去，她们的自尊心开始遭受打击。她们认识到，她们对自己价值的很多认知都是建立在外表的基础之上的。

这就是化妆、美发、整容，还有外在美本身的危险之处。这些东西本身并不邪恶，但如果你试图在这些东西中寻找你的价值和幸福，那你就要失望了——我保证。你永远不可能在这些东西中找到真正的价值和幸福——它们是由内而外的。我们所有女孩的“玩具”，比如眼影、指甲油，都只是有意思的活动和工具，我们只能利用它们来凸显自己天生已经具有的美好。

如果你想知道自己是否把太多的注意力放在了外表上，那就做一个简单的测试吧，出门时不要化妆。这时你仍然爱自己，仍然觉得生活还算幸福吗？还是说，不化妆的想法让你为难呢？请让我插一句话，这对我来说也很难，但它是检验你自我价值观的简单方法。思考一下吧。如果你也这么想，那我建议你早上化好妆之后，这一天就不要再不断地担心这件事了。把它放下，集中精神追逐你的梦想。比如，你可以好好学习，因为你明白，好好学习你就能进入烹饪学院，实现你的梦想，成为美食大厨！把注意力放在真正有意义、对你的人生重要的事情上，这能帮助你敞开心怀去接受各种不可思议的神奇的事。

谁能说得准呢？也许，你会遇到一个新朋友，你们在一起非常快乐；也许，你会在你非常想做好的事情上表现出色；也许，那个男孩今天会跟你说“嗨”；也许，你今天会在足球比赛中进3个球；也许，你会在历史考试中取得优异成绩；也许，你会如愿以偿地加入拉拉队；也许，你会发明可收起式中央吸尘器电线（拜托了拜托了）；也许，你会建立一个非营利组织，帮助坦桑尼亚的孤儿们；也许，你今天会学到什么新的东西——一个颠覆你世界观的想法。这才是积极的思维！

选择积极的精神态度

树立积极的精神态度，要做出选择，积极地思考。所以，当你被消极的想法占据，或是感觉很低落、没用的时候……要立即把相应的想法排出你的大脑，换上快乐的想法。（方法见下面的方法6：建设自己的快乐能量库。）

把你的大脑想象成一大桶粉色果冻。（我有一个秘密梦想，就是在果冻里游泳……就像电影《美食从天而降》里那样。）你需要往果冻里加入积极的、快乐的、有趣的、令人激动的，并且有目的的东西。不要让有毒物质毁掉你美丽的粉色果冻。你喜欢这一比喻吗？我很爱果冻。

你主宰自己的职业道德；你主宰自己看这个世界的方式，就像我的偶像——奥普拉·温弗莉。这个伟大的女人说过的很多名言中，我最爱的一句是很简单的。她说过：“我坚信，我们放不下的事情终究会成为我们的核心。”

我不清楚你的想法，但我如果放不下消极的事情、恼人的事情、有压力的事情——我就只能感觉消极、烦恼、压力大！

奥普拉说得对。我们可以掌控自己的态度，我们可以掌控自己的价值所在，我们可以掌控是否原谅他人，我们可以掌控说出口的善意话语，我们可以掌控自己的幸福，最重要的是，我们可以掌控自己的态度！没错，我说了两遍。有时候保持积极的态度是很难做到的——这点我可以作证——但是我们确实有掌控它的能力。

你能猜到我下一句要说什么吗？没错，你真聪明——它就像一块肌肉！你越锻炼它，它就越强壮。你越练习积极的思考，你就越会在生活中运用积极的态度。你是在锻炼自己的积极态度肌肉。

贝瑟尼·汉密尔顿是运用积极态度达成理想的完美例证。她是个了不起的女孩。她就是《灵魂冲浪》的书和电影中那个冲浪者，在一次鲨鱼袭击事件中失去了左臂。这位可爱的领导者有不少名言，其中我最爱的一句是："有勇气并不是说你不害怕，而是说你拒绝让恐惧阻挡你。"她好勇敢。意外发生几周后，她就重回海中冲浪。真是太厉害了！

她还说过："你的外表无法定义你。"这种可怕的经历对我们很多常人来说，都是很难面对的。贝瑟尼不是常人。她勇敢地直面恐惧，毫不畏惧地拨开恐惧不断前进。她有意识地选择积极的一面，选择继续前进。她是我的英雄。

—方法6—

建设自己的快乐能量库

当一个消极的念头钻进你的脑海中……

- 我丑。
- 我好蠢。
- 那个男生永远不会喜欢我的。
- 我永远不够优秀，永远无法让爸爸满意。
- 我的粉刺怎么也消不掉，倒不如拿根笔来，在痘痘上玩连线游戏吧。
- 阅读困难症会永远纠缠着我。
- 我好奇怪。
- 我不合群。
- 我的老师就想看我这门课不及格。
- 没人爱跟我玩。
- 我没能进足球队是因为我太烂了。
- 我不够高，不能成为好舞者，所以我连试都不用试了。
- 嗑药好了——反正生活本来就很糟糕。

等等等等……当这些想法出现时，请直接把它们踢出银河系吧。把这句话大声说出来："我的大脑不欢迎你！"大声说出来，你就能得到一种力量。

赶走不受欢迎的想法后，你要马上把这些毒素替换掉，换成厉害、美好、令人激动的、积极的东西！

要做到这一点，你需要建设一个"快乐能量库"。永远都把最让你激动、最积极的四五个想法放进能量库中。把它们写下来，写在你的事件簿或笔记本，或是手机上。

5个美好的回忆、目标、想法，或者任何让你感到快乐的东西：

可以是能给你力量的简单句子，比如：

- 我很强壮。
- 我有能力。
- 我有力量。
- 我很美。
- 我有意思。
- 我善良。
- 我有颗善心。
- 我在意其他人。
- 我值得拥有幸福，因为我是个好人。

你还可以把快乐的记忆放进能量库中。要找那种很强大的记忆，能在你心里激起很强烈的情绪的那种。

想一想哈利·波特在卢平教授教他守护神咒的时候是怎么做的……呼神护卫！这个例子其实很适合写在积极思维的章节里……不要让那些摄魂怪进入你的脑中，姑娘们。用守护神咒抵御摄魂怪需要非常快乐的想法。非常感谢J.K.罗琳提供的这一完美的比喻！

- 你们一家在你13岁那年去迪士尼
- 那次你在学校篮球赛中拿到了制胜分
- 当你曾经帮忙照顾的可爱小男孩告诉你，你是他的英雄
- 你想长大后做服装设计师的目标
- 圣诞节的早晨
- 你跟姐姐约好的购物日
- 你的老师告诉你，你很聪明，在科学领域有光明的未来

你的快乐武器库可以装任何能激起你深层、真实的快乐，平和，或兴奋的东西。写下一份单子，放在你经常能看到的地方。

笔记时间

这点很重要——快写下一些快乐和幸福。写下10个美好的想法。请拿出亮粉色的笔！

10个美好的想法：

我的冒险故事
——很高兴早点遇到了挫折

接着讲选美比赛的例子吧。我把这个小可爱留到这章华丽的结尾讲，是因为它实在太好了。（它好，意思是它可笑得很，能让人娱乐娱乐，哈哈。）

你们都知道了，我这一辈子总在参加选美比赛。我开始参加的时候才6岁（绝对不是《选美小天后》那种——没有假牙、美黑喷雾，也没有加发垫的假发——我郑重宣誓）。我小时候喜欢参加选美比赛，是因为我能交到很多新朋友，而且每年都能见到她们。我喜欢努力，喜欢打扮，也喜欢唱歌。可能有人会说我有些好斗。确实如此……如果你说的“有些”是“非常”的意思。而参加选美也是能让我跟妈妈在一起，而且相处非常好的罕见场合，因为我们俩都在做自己喜欢的事，非常开心！

我也很幸运，因为我的妈妈不是那种疯狂地想赢的母亲。她总会告诉我：“杰茜，我们来这里不是为了赢。赢当然是好事，但我们来这儿是为了开心，为了学到新的东西。”

我相信她，所以我尽自己所能地表现好，还很欢乐。我10岁的时候，告诉我妈妈：“选美比赛是挺好玩的，但我已经准备好走下一步了。咱们试试别的事吧。”

“好吧，杰茜。”她说，“那咱们就来个华丽退场！我们去参加俄克拉何马城的灰姑娘奖学金选美！”

那是场公开选美，所以任何人都能参加。大概有两百万女孩参加了这场为期一周的比赛。（这可能有点夸张了，2000人应该更准确一些……好吧，2000也有点多，不过咱们就当是2000人吧——这样故事更生动嘛。）10岁的我工作可是很勤奋的，还有疯狂的野心，这意味着我下定决心要赢这次比赛。我想，既然这是我的最后一次选美，那王冠就是我的——不容商榷！我的才艺展示锤炼到完美，采访问题都润色好了，模特模块更是……实话实说啊……完美无瑕。我一定会赢的！

我和妈妈离开我们在俄克拉何马市中心住的酒店，正在前往比赛的第一个项目——采访。我们走得非常快——比赛第一天可不能迟到！我妈妈还在摆弄我的头发，让头发蓬起来，我则在脑海里设想可能的采访问题——提前为比赛预热。就在这时，我眼角一瞥，注意到什么东西。灰姑娘！或者说，这个选美比赛去年的冠军。来这里的200万……哦，不对，是2000……个女孩都想在这周结束时成为她！

我盯着她，看她从豪华轿车中走出来，一切都变成了慢镜头，她闪亮的金发在风中飘扬，几百个女孩冲向她，推搡着，乱窜着，想要她的签名。（推搡可能是我想象出来的，呵呵。）我微微笑着，自顾自地想，哇哦——我以后就是那样！我好激动啊！我仍然在快速地走，沉浸于自己的想法中，直到我终于转过头来看路，然后“砰”的一声，听起来有点像头骨撞到旗杆上撞碎的声音。也许还可能是一个可怜女孩的鼻梁骨被撞成3节的声音。你猜到了吧？那是我的鼻梁骨。

我！杰茜的鼻子！杰茜的脸！没错，咱们一起来想象一下这个画面吧，好吗？请允许我重现一下当时的情景。我的脸直接撞在了直径6英寸的旗杆上！我作为优雅、镇定的选美选手的光辉日子，就这样毁了！

不用说，那次选美我没赢。都怪那两只熊猫眼和缠着带血纱布的鼻子。无所谓了。（请给我片刻，让我尴尬地做个鬼脸，咬咬拳头。）

现在提起这件事，我可以把它当个玩笑。但在当时，还有之后的那一周，我根本就不觉得这事好笑。尤其是当女孩们走来对我说："你就是那个撞到旗杆的女孩吧？哦，真可怜。明年好运吧！"我很绝望。

我们到家之后，我宣布："妈妈，我不想再做这个了。"她轻声笑了笑，说："我知道，杰茜，我们不就是这么计划的吗？这是最后一次选美比赛了，记得吗？你想华丽退场，这绝对算是做到了！"

我用杀人的眼神瞪着她，说："不，我是说所有这种事。我不想再唱歌，不想再跳舞，不想试任何事了！我那么努力，然后这种事又发生怎么办？我不感兴趣了！"然后我夸张地趴到自己床上，大哭起来。我母亲，用她无穷的智慧告诉我："杰茜，我很高兴这件事发生了。"

我僵硬地坐起来，准备尖叫，她却接着说："挫折是生活的一部分。坏事总会发生，你现在就需要决定你要怎样面对它。你要让生命击败你，还是要昂首挺胸地从中学习呢？”

她说得特别对。（不过，那个时候我可不会承认！）

我很感激我那么小的时候就学到了这一课，因为现在，当我遇到考验的时候，我更加强壮了。

我相信，你肯定经历过这样的时期，你觉得很失败，恼火，尴尬。每个地球人都有过！那在这种时期，你是怎样应对问题的呢？振作起来，放手，对你来说容易吗？还是你总觉得自己被彻底摧毁了呢？当时，我觉得自己都垮掉了。这种感觉可不好玩，但如果你现在就做出决定，保持积极的态度，那么遇到下一次挣扎时，你就会有所准备。所以，你必须有所选择。下一次有人开你玩笑，或是欺凌你时，或是下一次你尝试新东西，却发现它并不适合你……你会允许它定义你、把你摧毁，还是要利用它，帮你变得更坚强、坚定，成为你应该成为的人呢？我们遇到的挣扎可能正是将我们推向更高处的动力。它们可能会帮我们找到自己的命运。你会利用挫折帮助自己成长吗？还是会让挫折拖垮、摧毁你呢？这个选择并不容易，却是必须立即做出的选择。

这一章的目标是，帮你学会用不同的眼光看尴尬的时刻、挫折，以及挣扎。正如我的选美经历——那时候看是一点也不搞笑，但是现在（19年半之后，差不多是这么久吧）提起这件事我可以一笑了之，我现在明白，这件事也是很好的一课。我们必须学会笑。不仅是因为笑能让人开心，还因为笑能燃烧卡路里。额外奖励哦！再说了，所有人都喜欢跟态度积极的人相处。问你一个简单的问题——你是想跟消极、满腹牢骚，还有受害者心理的人相处呢？还是想跟快乐、充满生活激情的人相处呢？这就是我要说的。我们能选择积极的精神态度！

这是很好的练习，同时为你遇到那些尴尬时刻和挫折时做准备。有没有注意到我从没用过失败这个词？我不相信失败。只有你没从经验中学到一点教训的时候，才叫失败。

—方法 7—
衡量一下，你遇到的挑战有多严重

当你遇到挑战时，打一下分……从1到10，你的挑战严重程度能打几分？

1 2 3 4 5 6 7 8 9 10

1分的例子，你的蛋卷冰淇淋化了，搞得你的手黏糊糊的。10分是说，你的房子成了炼狱，你能听到里面有狗在嚎叫，你母亲因为脑癌住院病危了，你曾经最好的朋友盗了你的银行账号，偷走了你毕生的积蓄，你还因为被埋在着火的碎石下面而永久失明了，你爸刚刚申请了离婚，就跟新女友赫尔加登上了去津巴布韦的飞机。所有这些都在10分钟内发生，这才是10分。

那么，你的挑战到底有多严重？真正重要的事都还好吗？感激我们拥有的东西，能帮我们用积极的眼光看待生活。

如果你觉得自己在走廊里摔了一跤，被人取笑就是整个世界崩塌了，那我想让你想一想，这个世界上有多少孩子愿意用他们的右臂来换你脚上舒服、干净的鞋子，哪怕是穿着它们摔跤。

我的冒险故事

——你的怒火都对你做了些什么

我13岁的时候，我父母让我和哥哥们坐下来，告诉我们，他们要离婚了。我和哥哥都很实在地说了句："终于啊。"因为我父母之间紧张的关系，我们一家人都很不开心。

过渡的那段时间里，我跟我妈的关系有些紧张。我们两个是有很多共同点，却又有很大的差别。她搬出去之后，我和两个哥哥都跟爸爸住，整体情况好多了。我们一家人都快乐了许多——所有人。我妈妈仍然参与我的生活，我们俩的关系也比从前好了。

有一天，我跟一个我很喜欢、很尊敬的亲戚在一起。他冷不丁地来了一句："杰茜，我好佩服你。你克服了这么多困难。我无法想象被你妈妈抛弃有多难受。"

抛弃这个词像一座大山一样压在我身上。我知道那不是事实，但是我肩膀上的小恶魔开始向我低语，给我灌输丑陋的想法："他说得对。她是抛弃了你。她一直很自私，她就是不想做你妈了。"

我要再说一遍，你一定要明白，这一事实非常重要——我知道他的话不对！但是，我还是选择了相信。我选择生我妈的气。我选择把她排除在我生活之外。我选择刻薄、自闭，选择让我们之间的关系变得陌生，流于形式，我选择不让她进入我的世界，选择做一个坏孩子。但是我当时并不知道，这些选择会让我付出代价。突然间，我被愤怒所吞噬，无法放手。我总想说这件事，每当我跟朋友们在一起，我总会想办法绕到这个话题上。"哦，我的天！你们绝对不会相信我的疯子妈妈这周又干了什么！"之后，我很不明白我的朋友们为什么不喜欢跟我玩了。跟生气的人相处是很烦人，很累的。

我甚至还夸大事实，把故事讲得很惨。比如说，毕业舞会时，我的舞伴来接我，我父母都不在家。我的舞伴问他们去哪儿了。我耸了耸肩，说："不知道。"实际上这也不是假话，但我故意没告诉他，我根本没跟他们说那天是舞会之夜。

几周之后，我妈问我："你的毕业舞会是什么时候啊？"我告诉她我已经去过了。

"你怎么没告诉我呢？我想给你拍照片啊！我不知道舞会是哪天！"她说。

你可能会觉得，这下我应该明白她不好受了。你可能觉得，我该意识到是我没有告诉她舞会在哪天，但我没有。我对我的朋友抱怨道："我简直不敢相信我妈！她根本不在乎我！

我去跳舞时她居然都没给我拍照片！”我没有意识到自己有多残忍、无情、自私。我从没考虑我的行为怎样伤害了我妈。

即使这样，我妈仍然尽力对我耐心，慈爱。“怎么了，杰茜？你为什么不愿意跟我谈呢？”她这样问。她想去我学校参加活动，想看我参加的其他活动，但我忽略了她的努力。

我还忽略了我选择相信一个谎言的事实。我生的气甚至不是建立在现实之上的，而且我很清楚这一点。

就这样过了好几年，我终于迎来了一个改变一生的时刻。这一课并没有发生什么惊天动地的大事，并没有什么令人幡然醒悟的幻象，什么从坟墓里冒出来的鬼魂。我只是坐在床上，为了刚发生的事生我妈的气，突然间，这些想法闯进了我的脑海：

你的怒火都对你做了些什么，杰茜？它怎样影响了你？它能帮到你吗？

这几个问题我思考了很久，然后渐渐意识到，我的怒火只能越烧越旺。我花了那么多时间和精力生气，而这些时间和精力本可以用来寻找快乐，用来生活。我选择生气的决定让我无法去寻找幸福。我简直不敢相信！那感觉就像眼罩终于被摘掉了，突然间，我可以清楚地看这个世界了。正是我自己给自己戴上了眼罩，有意地停留在黑暗中。这次顿悟对我来说太美好了。我狠狠地哭了一顿，因为我被这强烈的情绪淹没了，摘掉这双眼罩的权利一直在我手中。那天，我坐在床上，做出了一个会改变我生活的决定。我决定放手。我决定把这个重重的累赘踢出我的生活，我的决定确实起效了。

我打电话给我妈，说："我不想把所有的旧事都翻出来。我只想放手，重新来过。我很抱歉我以前那样对你，我已经原谅你了。咱们能重新来，做朋友吗？"

我们并没有从那天起成为最好的朋友，一个月后也没有。我们之间的进展没有那么快，但我决定放弃那些自暴自弃的行为时，我们之间的一切都变得容易多了。感觉像是被埋在粪堆里很久之后终于呼吸到一大口新鲜空气。我说的粪堆是很臭，令人窒息的，黏湿的那种粪堆。（喜欢这个描述吗？好恶心……）

还有一件很酷的事发生了。我明白了，我还需要原谅自己，学会继续前进。所以我那样做了。每天，我都能感到自己在放下，在变得强大。我会想象把那个重重的累赘扔下悬崖的画面，这帮助我修复了我的灵魂，还有跟我妈的关系。

我很高兴我可以说，现在我跟我妈妈是最好的闺蜜了！这是说，我们从来没有不同意见吗……这是说，我们两个百分之百融洽吗？不。这是说，我不再对她挑挑拣拣。我接受真实的她，我感激她所做的美好的事。我爱她。我选择爱她。

我不知道你对这个故事有没有同感。但我知道，我们人类都有一个共同点，我们都放不下那些没用的累赘：怒火、厌恶、恐惧、挑剔、嫉妒、担忧、压力，还有痛。我们把这些东西当成生命线，而实际上它们只是拖累而已，甚至可能是累赘的附加累赘。想要幸福，我们就必须学会放手。你是唯一一个阻止自己幸福的人，因为你选择了这些不好的感觉。我知道这话不好听，因为你的情绪很可能是建立在事实的基础上的——真的让你受伤的感觉。但是，这仍然是一个选择。要么不放手，给自己借口，要么选择扔掉它，继续前进。

我要说的是——如果你还没总结出来的话——你的幸福掌握在你自己手中。没人能把幸福给你，你必须为它而奋力争取。

笔记时间

把那支亮粉色的笔从你头发里拔出来吧，咱们开始！

你对你自己说过什么狠毒的话呢？

你能把它们换成什么积极的词汇呢？

笔记时间

哪些消极的执念让你无法得到幸福呢?

你为什么不放开它们?

你需要什么，才能放手?

是什么给你带来最大的愉悦?

—方法 8—

请真诚地问自己三个问题

1. 你有没有尽最大努力做到真诚呢?

2. 你有没有尽最大努力与人为善呢?

3. 你有没有尽最大努力做一个好的姐妹/侄女/朋友/表侄女/人呢?

如果你的答案是“是”，那就该自信起来。你不能控制其他人。有些人不管怎样都会说难听的话，做不好的事，而你管不了他们。你能控制的，是你自己的反应，还有你是要为此生气，还是继续前进。

每当你因为有人在学校对你恶言相向而受伤，每当有人散播关于你的丑恶谣言，每当有人对你评头论足，告诉你自己：“我已经尽最大努力与人为善了，这就足够了。”把这句话当成人生格言，一遍一遍重复给自己。

如果你的答案是“不”，那就去补救。不要说空话对别人阿谀奉承。不要八卦。告诉你的家人你爱他们。不要对别人指手画脚，做你想拥有的那种朋友。

这可能很难，但必须做到，你是唯一一个能让这一切发生的人。不要找借口。不要等别人来给你推力。请主宰你的情绪、你的幸福！“感受滴在你皮肤上的雨滴……”抱歉，我太激动了。

这都是一个过程。生活就是这样的！我们都会经历欢愉，也会经历痛苦，在过程中学习、成长。放下自暴自弃的行为，学会原谅。这是你能给自己最好的礼物。

挑战

试试快乐的武器库。看看你能不能坚持一天，不让消极的想法在脑海中停留超过5秒，然后再试试坚持一周。迅速地把它们踢出去！选择控制你的思想，以及态度积极与否……一切都取决于我们的选择。

写下你的经历：

THE LOST ART OF LADYHOOD

SKILL 4

激发自我领导力

领导者创造人生，跟随者随波逐流。

|佚名|

我认为这世上有两种人，一种能用呼吸给别人带来活力，一种只会吸收这种活力，却不释放。

我的一位导师，摇滚明星、作家、励志演讲家乔什·西普曾告诉我："有些人的呼吸能给你注入活力，有些人能把活力从你身上吸出来。"你想做前者还是后者呢?

我不知道你怎么想，但我遇到过很多恶人，而我不想变得跟他们一样。我想做一个给别人带来活力的人，我也只想跟这种人交往。而这种人还有另一个名字，那就是领导者。

我猜，既然你在读这本书，你就不是那种甘于平庸的人。我很兴奋地想要告诉你，这个世界需要你努力活出精彩！我们需要伟大的领导者，而你如果愿意付出，你就可能成为其中之一！不管要取得什么成就，都需要先有所付出。

领导力并不只是做一个大公司的CEO，或是作为天生的"智者"不断地给别人提建议。

领导力是要用你的能量和智慧，以积极的方式影响他人；是要善良，帮助他人爱上真实的自己；是要用自己的力量帮助别人取得成就，帮他们做出更好的决定；是要树立榜样，把自己塑造成一个可以成为榜样的人。

这才是领导力。

是什么阻止你进步?

我知道你看到这个标题时是怎么想的，“我可不是什么领导者，杰茜。我犯过好多错误，我根本是一团糟”，或者，“我不够善良，人不够好，根本不能做榜样”。我懂，我理解你为什么这么想！但我要告诉你一个好消息，要做领导者，你并不需要完美。你本可能成为一个伟大的领导者，那么，是什么阻止了你呢?

认为自己不够完美就不可能成为好的领导者，这是最常见的思想障碍。我知道觉得自己不够好是怎样的感受，下面，就来听我讲一个小故事吧。

我的冒险故事

——找到自己内心的领导者

在我16岁生日刚过一个月，我拿到驾照也才一个月的一天，我跟哥哥一起出去游玩。回家的路上，我开着车。结果回头一看，却发现一辆闪烁着红蓝灯的警车在追我！

我吓得差点心脏病发作，立刻就哭了起来。我就要拿到人生中的第一张罚单了。我有说过我才拿到驾照一个月吗？噢，太惨了！

“你知道你刚刚开得有多快吗，小姑娘？”（他真的喊了我“小姑娘”，就跟约翰·韦恩的牛仔电影中一样。）

“不知道。”我哭道。（是那种歇斯底里的嚎啕大哭，哭得特别丑。）

“每小时110英里。”他冷冷地说，眼神一下子穿透了我的灵魂。

“你开玩笑吧？”我震惊得已经忘记了哭。

对当时的我来说，那张罚单的罚金简直是天价。如果仅靠我这份最低工资标准的工作，我得攒上3周的工资才能付清。而一想到要告诉父母，我又觉得太过难为情。

我真希望我可以说，我开车出事的故事到此为止了，但事实并非如此。之后的状况甚至更糟糕！9年里，我被开过的罚单高达11张，被送回驾校培训4次，造成过3起车祸（都是小事故——没人受伤，不过都是我的错），还因为扣分太多而被吊销过驾照。哎呀！真的，我在跟你讲这些的时候都觉得很尴尬，但你要知道，我也需要做这些练习！

就算你看完这本书后，记不得书中的任何内容了，我也希望你能记住这两点：一定要遵守限速规定；原谅自己犯过的错误。

虽然我每次想起自己乏善可陈的驾车记录，就会有点难受，但我必须放下内疚和羞愧。从前，我还会因为这事儿哭，一坐在驾驶座上就吓得要死！现在，这个话题仍然让我很不舒服，但我能正常生活了，因为我放下了，我原谅了自己，把精力放在了认认真真开车上。

原谅自己不是一夜之间的事，而是一个过程。同样，掌控自己的生活也没有什么捷径，你需要专注下来，投入精力。我已下定决心，不再阻止自己前进。我不会只因曾经的错误，一坐在驾驶座上就害怕、恐慌。即使我确实犯了很多很多错误。

我们若是能学着原谅自己的错误、尴尬，原谅那些自暴自弃的行为，原谅生活中的遗憾、失败的感情，原谅自己曾经历过的一切伤痛，就能找到自己内心的那个领导者。

恰如史蒂夫·巴斯金所说："领导力不是与生俱来的，想要拥有领导力需要学习一些特定的技巧。从某种程度上来说，做领导者就像做运动员。当然了，有些孩子生来就具有体育运动的天赋，比如体型上的优势和灵敏的反应能力。但是，在竞技体育中取得成功需要靠成千上万小时的训练，从而获得相应的技巧。成功依靠的更多的是训练中获得的技巧，而非遗传基因。领导力很重要，它包括一系列的技巧，而这些技巧需要反复练习。想要发展、学习领导力的年轻人，应该寻找机会，跟一些团体合作，这是很好的练习。只要他们这样做，就会欣喜地发现，将这些技巧转化为生活中各个方面的领导力其实很容易。"

—方法9—

放弃自暴自弃的行为

想想哪些情况下，你畏缩不前，或自我否定，使自己未能获得应有的幸福。

自暴自弃的行为就是跟自己作对，就像踢乌龙球一样。这可不好。

以下是我在能够掌控自己的生活前，曾经有过的自暴自弃的行为和想法：

- 我对别人指手画脚、传播谣言。
- 我对自己要求过于严苛，因为很小的错误过分责怪自己。
- 我从不为家人、朋友挺身说话（包括我不认识的人）。
- 我不会原谅自己。
- 我不会原谅他人。
- 听不到别人的赞美，我就不够自信，总觉得自己不够好。
- 我有拖延症。

笔记时间

现在轮到你了。去拿一只紫色记号笔，列出你自暴自弃的行为吧！

我曾经有过的自暴自弃的行为：

开始寻找那个领导者

现在，你已经发现了可能存在的障碍，那么，你可以开始寻找自己身上隐藏的领导者了。

领导力之所以是一种美丽的品质，就是因为它能提振人的心情。

想象一下，在遇到下面这些情况时，你会有怎样的感受。

你帮助别人做出了一个积极的决定，你用一句赞美或鼓励的话帮他人树立了自信，或是你自己做出了一个正确的选择，而你认为，这个选择能为他人树立榜样。

想象一下，那一刻你的感觉，然后再跟你现在的感受作对比。这些记忆会让你产生骄傲、激动、幸福的感觉——这种感觉证明你是个强大的领导者，不论你自己是否知晓。

咱们来盘点一下历史上锻炼过这块“领导力”肌肉的名人，他们就是“活力释放者”的完美典范。

我来说说我最爱的领导者们。

奥黛丽·赫本，她是银幕上闪耀的明星，但她非常珍视自己作为母亲和联合国儿童基金会大使的角色；本杰明·富兰克林，美国国父之一，他也是一个非常完美的榜样，他的故事告诉人们，只要肯努力，就能成为伟人；戴安娜王妃，一个可以靠名望过舒适的生活，却偏偏选择孜孜不倦地为身边的人服务的女人；奥普拉，一个美丽、慷慨、有雄心的领导者；席琳·迪翁，一位伟大的母亲和梦想家（我在歌唱上的偶像！）；卡罗尔·伯纳特，一个勇敢的女人，她在喜剧事业上为自己开辟出了一条道路——她自创的《卡罗尔·伯纳特秀》非常成功。我最新的偶像是主演《饥饿游戏》的詹妮弗·劳伦斯！

咱们就来谈谈詹妮弗吧，她是我最爱的演员之一。我写下这些的时候，《饥饿游戏2：星火燎原》刚刚上映，詹妮弗在电影中的表演实在是太棒了！我相信，你会跟我一样喜欢她。她的幽默、自信，还有平易近人的性格非常具有感染力。她很真实！她这样评价《饥饿游戏》这部电影："别去看电影，我太糗了。我觉得电影很棒，但我是电影中最大的错误。"这是她说过的话中，我最喜欢的一句。

这个女孩明明就是在驾驭整个银屏，但我相信，这话是她对自己的真实看法。对于我们普通人来说，这很难想象！她明明很棒，自己却并不知情。我在这里喋喋不休地讲她有多厉害，是因为我就是由于她追求梦想的事例而受到启发和鼓舞，从而决定去追逐自己的梦想的。这是很美妙的事。她是个领导者，可她并不"完美"。其实，我们每个人都拥有这种力量，只是还没有开发出来。

有句话一定要在这里说，做领导者并不意味着你一定要成为名人。你不需要什么平台去跟几百人、几千人交流。

即使你只是积极地影响了一个人的生活，那你也是领导者。

也许，那个人是你的妹妹，因为你学习非常好而以你为榜样；也许，那个人是你的隔壁邻居，因为你对父母孝顺而以你为榜样，在他跟父母闹矛盾的时候，你让他有动力去努力解决问题；也许，那个人是你的数学老师，在他的课上，你让所有人都安静下来认真听他讲课，他因此而感激你。

你永远不知道你可能会激励谁……这种效应是无法预知的，领导力就是这样。不是因为想吸引别人的注意才做正确的决定，恰恰相反，只有做正确的决定才会引人注意。

把自己想象成一个播种者。你只需要尽力做好领导者。把目光放长远一些——即使人们不感激你的赞美，或者看不到你做出的艰难决定，看不到你在努力做一个更善良的人，即使他们看不到，你也在播撒着种子。而播撒种子会给你带来很多好处。这听起来好像很耳熟啊——噢，那个词就在嘴边！叫什么来着？对，正直。这个词很伟大，是可以改变你人生的那种词。正直意味着要对自己诚实。对自己诚实，确保自己在做正确的事，这就是正直。正直永远有益无害。

下面是一些跟你一样的年轻人写下的真实经历，他们做出勇敢的选择，找到了自己内心隐藏的领导者。

在读的时候，你可以这样想：假如一个5岁的孩子告诉你，你是他/她的英雄，这会对你的日常行为产生怎样的影响？

我成为领导者，是因为我决定不再吼我弟弟，不再阻止他老跟着我，而是跟他玩一会儿。他只是需要我陪陪他，现在他知道我爱他，但是不再总跟着我了。我也不会因为对他不够好而内疚了。

——奥利维亚

我是领导者，是因为我听到一个朋友说另一个朋友麦肯娜的坏话时，站出来反对。我告诉她，不应该说人家的坏话，我可不想别人这样说我的坏话。

——莉娜

我是个领导者，是因为我注意到姐姐们惹妈妈心烦时，我会告诉她们都冷静一下，对妈妈好一点，因为妈妈快崩溃了。

——莎拉

我是个领导者，因为我在历史课上让康纳闭嘴。我告诉他要尊重老师，老师人太好了，不会发火，可我能看出来，康纳闹得老师快要发狂了。

——卡米

我是个领导者，是因为我在教堂提出一项有趣的志愿项目，我们可以给社区里的收垃圾工人做曲奇，然后做一张大海报，上面写着“谢谢你！”，并贴在垃圾箱上。组里所有的女孩都觉得很有意思，但我们还没讨论好要把曲奇放在哪里才不会被扔掉。

——马洛瑞

读了这些女孩的故事，你能听出其中的激动和自信吗？这些故事能让你感受到自信，是因为我们在帮助他人提升、成长的同时，自己也得到了很大回报——自信心得到很大提升！

是的，做领导者能促进我们自己的成长。

—方法10—
激发与生俱来的自我领导力

我相信，每个人生来都具有领导力，但有的时候，我们需要去搜寻它。

这听起来可能很搞笑，可是，要做别人的领导者，首先要在自己的生活中做领导者。

所以，第一步就是搞定你自己！

笔记时间

拿出你的铅笔——开始做笔记吧！

怎样在做自己的同时成为更好的领导者呢？答案可以是更加正直，更加诚实，对自己更好一些，对自己更严格一些，树立新的目标，等等。接下来，我们要扩大范围，怎样才能成为身边人的领导者？就从你每天能见到的人开始吧。

怎样能成为我家人的领导者？

怎样能成为学校里的领导者？

怎样能成为朋友们的领导者？

选择做一个领导者

领导力还有一个重要因素，那就是对自己的性格足够了解。这一点我已经讲过了，但我想再次强调，你不需要是天生的领导者，不需要总是替一个群体做决定，也不需要是所有人都会寻求意见的那个人，不需要永远引领潮流。

你可以害羞、内向、独立，你可以满脸青春痘，可以疯癫、不寻常，也可以精力旺盛，这些都无法阻止你成为伟大的领导者！

领导力是一种性格，但它并不是与生俱来的性格，而是可以选择的。话虽如此，的确有一部分人天生就拥有这种天赋。这些人生来就有领导才干，那很厉害，而我们普通人得去努力才能拥有，那也没关系。

真正了解自己是一种挖掘隐藏领导者的方法之一。当我们足够了解自己时，就会变得更加自信——自信心大提升！这样，我们就不需要因为对真实的自己的定位而困扰担忧，从而能够集中注意力去努力帮助他人。

做做下面的个性测试，深入了解你天生的性格。要记住，性格没有好坏之分，只是不同而已。你的性格本来就是很美的。不管你具有怎样独特的性格，我都希望你明白，我鼓励你做领导者，并不是让你逼自己做另一个人。我对领导力的定义就是做最好的自己，这样你就能释放活力，积极地影响他人。

希望你能理清自己的性格，拥抱你与生俱来的思维方式、存在方式。下面是我自己编的小测试。它能帮你发现自己的一些性格特点，让你了解到自己有多美好。

性格测试

从1到3打分（1意味着你“强烈同意”，2意味着“也许”或“有时”，3意味着你“强烈不同意”），请打分……

- 你健谈吗？ 1 2 3
- 你经常担心吗？ 1 2 3
- 你风趣吗？ 1 2 3
- 你果断吗？ 1 2 3
- 你很受欢迎吗？ 1 2 3
- 你很独特吗？ 1 2 3
- 你很守时吗？ 1 2 3
- 你天性好奇吗？ 1 2 3
- 你有目标性吗？ 1 2 3
- 你可靠吗？ 1 2 3
- 你永远精力充沛吗？ 1 2 3
- 你通常开心吗？ 1 2 3
- 你习惯讨好别人吗？ 1 2 3
- 你的学习成绩很好吗？ 1 2 3
- 你身体健康吗？ 1 2 3

- 你是别人的倾诉对象吗? 1 2 3
- 你过于严肃吗? 1 2 3
- 你整齐有序吗? 1 2 3
- 你工作勤勉吗? 1 2 3
- 你有创意吗? 1 2 3
- 你对陌生人冷漠吗? 1 2 3
- 你喜欢倾听吗? 1 2 3
- 你情绪不稳定吗? 1 2 3
- 你外向吗? 1 2 3
- 你的恢复能力强吗? 1 2 3
- 你有艺术天赋吗? 1 2 3
- 你有些无趣吗? 1 2 3
- 你容易分神吗? 1 2 3
- 你懒惰吗? 1 2 3
- 你喜欢拥抱吗? 1 2 3

你经常这样做吗……

- 经常赞美他人? 1 2 3
- 经常出色完成任务? 1 2 3
- 经常有人向你寻求意见? 1 2 3
- 经常允许自己哭? 1 2 3
- 经常挑起争端? 1 2 3
- 经常在有压力时吃东西释放? 1 2 3

- 通常信任别人？ 1 2 3
- 通常喜欢自己？ 1 2 3
- 经常讲八卦？ 1 2 3
- 经常为自己争取权利？ 1 2 3

这些选项里你对哪一个最感兴趣（圈出一个）：

A. 受欢迎度

B. 做一个“好女孩”

C. 过得快乐

D. 平静的感觉

我希望你问问自己这些问题，清晰地描绘出一个你眼中的自己。让别人根据这些对你进行描述也会很有趣。问问自己这些问题、写好笔记，能让我们更了解真实的自己。你还可以到网上找更多专业的性格测试。

挑战

花一周的时间，锻炼你的领导力肌肉！

要记住，领导力是能够不断提高的技能。要做领导者，不一定要完美，只需要选择去尝试……一切取决于你的选择。

写下你的经历：

THE LOST ART OF
LADYHOOD

SKILL 5

懂得感恩

你若想今天就做些改变人生的伟大事情，能做的事只有一件，那就是开始感激你此刻所拥有的一切。

|奥普拉·温弗莉|

你有没有过这样的想法？我希望我的衣服更好看，我希望我的大腿更细，我希望我更受欢迎，我希望我更聪明——我的数学真差，我希望我家更有钱，我希望英语课上的约翰尼会注意我……我希望……我希望……我希望……一味地渴望、渴求想要却没有的东西，把人生这样消磨掉可真是走向悲惨的最快途径！

然而，只要我们把注意力转移到生活中那些美好、幸福、积极、神奇、美妙的事情上……我们就能体验到世界上最惊艳、卓越、耀眼的事。而感激是得到这些经历的最快途径！

我的冒险故事

——把目光集中在生命中美好的事物上

我17岁的时候，听说有个百老汇的巡演公司在举行试镜，我想，好吧。我太累了。再说了，这可能根本就不是真的音乐剧。我敢打赌，它就是个晚餐剧院的演出。幸运的是，我有个很棒的朋友，他让我准备好出门，因为他要来接我。他没有给我选择。我必须去试镜。谢天谢地，感谢这些愿意在你犯懒的时候打醒你的朋友。

我不是很爱表演，但我爱跳舞唱歌，所以当我到了那里，发现要表演的竟然是《浑身是劲》时，我乐坏了。我爱死那部电影了！凯文·贝肯在里面……真是美味多汁。

第一次舞蹈试镜表现很好，我收到了第二轮试镜的通知。第二轮的舞蹈部分也很顺利。他们宣布了晋级舞蹈者名单，我又打进去了！我尖叫起来！接下来是歌唱试镜。我犯了些小错，但感觉还可以。几天后，制作人从她在纽约的办公室给我打电话，告诉我，我被选中做首席舞者和歌手了，我很肯定我当时直接冲着电话尖叫了！

我要跳hip hop舞，有台词，还能唱超级棒的歌！但这都还不算什么。

我们每周有700美元的酬劳（这对那时候的我来说可是一大笔钱！），我们会在满座的万人剧场，甚至更大的剧场里表演，而且还要先在纽约排练3周，然后去37个州巡演！

也许，百老汇就是我能够展示自己的声音，又能找到幸福的地方呢。这机会真是太难得了，我很庆幸自己去试镜了。真是无法想象，我竟然差点因为犯懒而错过了它。

下面，我要讲一些意料之外的事。

我在这次超棒的巡演中总结出一条经验，那就是在百老汇工作并不是我想要做的事业。

虽然我很享受这次经历，也乐意在未来再次参演音乐剧，可我发现，这不是我想要的生活方式。整整4个月，我都在拖车上跟我见过的最有才华、最善良、最慷慨的人们度过。

但令人伤感的是，我看着他们中的大多数人都在毁掉自己。嗑药、酗酒都是常有的事。看着这样的事发生，很让人绝望，这些人开口唱歌就余音绕梁，舞更是跳得比《舞魅天下》中的任何人都好。可他们却在毁掉自己的才华和身体。

那时我就下定决心，绝对不会碰毒品，不会碰酒精。看着这些毁灭性的东西伤害我的朋友，真的很令我心碎。这些原本很棒的人都有一个共同点，那就是，他们缺乏自信。

当然，在台上，他们都充满活力，闪耀舞台，可在台下，他们根本就不知道自己是谁，也不知道自己想要怎样的人生。他们只是单纯地存在着。我并不是在凭空臆测，他们曾亲口告诉过我，他们并不幸福。毒品是他们的“出口”。毒品带来的快感便是他们逃离生活的办法。他们只是不知道，通向幸福还有其他方法，更好的方法。懂得感恩就是其中之一。我百分之百确定，如果这些出色的人能够退一步，好好盘点一下他们应该感激的事情，他们就能够拯救自己的声音和身体，从而不被那些毒素所侵蚀。

姑娘们，远离毒品吧！

你能看到一个人的伟大，却不得不眼睁睁地看着他/她不断阻止自己走向伟大，这是很悲哀的事。

去追随梦想，寻找自己的伟大吧！其美妙之处就在于，尝试之后，你会发现，你本以为自己想要的东西并不是你真正想要的。

生活的轨迹很少按照既定计划来。这可能也是好事。很多时候，生活会给予你无法预料的美好事物。

我从这次的经历中学到很多东西：我意识到我应该爱我的朋友们，不该对他们太过严苛；我意识到百老汇的生活其实并不是我梦想的职业；我学会了感恩并照顾好我的身体；我学会了把目光集中在生命中美好的事物上，因为感恩美好能让我感到快乐。

我认为，选择在感激中生活对健康有益，这套理论还是有科学依据的。《纽约时报》曾采访了几位享誉世界的心理学家，他们都用了毕生的精力来研究感恩。文章中总结了他们研究的共同结论，那就是："培养感恩的态度可以改善健康状态、睡眠质量、焦虑程度和抑郁心情，还能改善对生活的满意度，以及对他人的行为……"

—方法11—

写下感恩日记

迈阿密大学的迈克尔·E·麦卡洛博士是接受《纽约时报》采访的教授之一。麦卡洛博士说，他让他的实验参与者们写一本日记，记录他们觉得每天应该感激的5件事。这需要他们思考，寻找要感激的事——这就是这种活动有效果的一大原因。

连小事也要写下，比如落日，或是学到什么新的东西，或是有人帮助了他们。两个月的研究结束后，这些人都更幸福了，对生活的看法也更积极了。他们甚至还反馈说，身体上的小病小痛感觉少了，有更多的精力去锻炼了！

姑娘们，这是科学。

这些研究没有人可以辩驳。这种活动可以给你的人生带来很大改变！试着写一本感激日记吧。因为这个活动需要每天都做。

我建议你专门用一个日记本作为感激日记。然后，每天记录5件值得感激的事，试几周，看看你会感觉如何！

感激清单

再写一份感激清单吧。这是我向你发起的挑战，想出50件到100件事，那种能在你心情处于低谷时给你动力的事。

积极地思考问题可以带来很多能量。并且，感激还能帮我们训练思维，看到世界上的美好事物，心怀希望，以激情面对人生，注意到生活中的细节。

笔记时间

你应该感激什么呢？你的笔在哪儿呢？

我没有专门在这里加横线，是因为我不想让你在这本书里写了，去找一张纸吧，列一份长长的清单。写完之后，把它放在你每天都能看到的地方。可以把它贴在卫生间的镜子上，这样你就能每天早晨一起床就看到它，或者把它放在你车的仪表盘上（不过要记得看路哦），或者把它贴在你上课用的文件夹里，每天能看好几次。下面是一些启发你的点子：

秘制浓汤

- 木薯淀粉
- 干净的内衣
- 肉呼呼的手指
- 良好的视力
- 冷藏食物
- 跳跳鼠
- 家人
- 果馅饼
- 可折吸管

只要把注意力从自己没有的东西上转移开来，感激我们所拥有的东西，就会幸福许多。这是真理！这样，我们的心脏会更健康，头发会更闪亮，生活会更美满。感激是通往幸福的捷径。

罗伯特·埃蒙斯博士（《感谢！——感激的练习如何增加你的幸福感》一书的作者）说，在关于感激的第一次重大研究中，科学证明，把已拥有的东西作为渴求的目标，会使你的幸福感增加25%。如果你每天早晨都与起床做挣扎，那这25%的幸福感就可以做出很大改变……而我们都有过这样的阶段。

埃蒙斯发现，写一本感激日记，每天记录下这几年你要感激的事，你的睡眠质量会得以提高，精力也会充沛起来。

感激日记是个很有效的让自己变得幸福的方法。你若还没思考过身体与精神的联系，那就现在开始吧。你对自己身体的控制权远超你的想象。你的想法蕴藏着巨大的力量。你听说过“人如其食”吧？我要换个说法——“人如其思”。你若选择把注意力放在你感激的事上，幸福就是随之而来的副产品。

我小的时候，很讨厌自己的手指。我觉得它们太肉了，看起来就像小香肠。现在听来很可笑，但那时候这是我不安全感的重要来源之一——我知道这很奇怪。这种事居然能让人缺乏安全感！一天，我的一个朋友实在受不了我抱怨自己的手指太粗了（没人喜欢爱抱怨的人……这样很讨人厌），她跟我说：“杰茜，你难道觉得没有手指会更好吗？”我真的从没那样想过。打那以后，这种思考方式就占据了我的脑海。你能想象没有手指的人生吗？可怕……艰难！我们的手指能做很多事情，我们的手指都很奇妙。比起根本没有手指，还是我的粗手指比较好。拿起那只芝士汉堡，咬上一口。（我的意思是，好好思考思考吧。）

挑战

花一周的时间，完完全全地生活在感激之中。也就是说，不能抱怨，不能发牢骚，也不能一心想着你没有的东西，或是你不喜欢的东西（粗手指）。如果脑海里涌现了一个与感激相悖的想法，就立马把它踢出去，用感激的想法代替……一切都取决于我们的选择。

写下你的经历：

THE LOST ART OF LADYHOOD

SKILL 6

拥有强大的内心

如果你还在寻找能改变你一生的人，

请看看镜子。

|罗马谚语|

回想一下技巧1：自信。还记得要创造美好生活，自信就是你的地基吗？如果自信是地基，那么个人力量就是牢固地基的混凝土。当你锻炼你的个人力量时，自信就会坚定、不动摇。

这一章对我个人意义重大，因为我希望我在少女时期能学到这一技巧。我非常想让你学会这一技巧，辨识出你独一无二的神圣个人力量。这力量我们本就拥有，是与生俱来的。有时候我们只需要允许自己去运用它。

这一章中，我们要学习如何通过下面的5个课程学会如何保持个人力量的强大：

- 以健康的方式处理我们的情绪
- 权利决不拱手他人
- 移除欺凌因子
- 合理管理压力
- 远离不健康恋情

这一章我们要换一种方式开头。先花一分钟时间，看看你的个人力量现在是什么水平吧。要对自己坦诚，答案没有对错。

笔记时间

不要跳过去！拿出你那毛茸茸的紫色羽毛笔。现在就开始吧！

你感觉自己有力量吗？

你相信自己可以拥有力量吗？

你想拥有力量吗？

你对“有力量”的人的定义是什么？

接下来，回答过这些问题后，我们再在这个基础上进行一些有力的宣言式声明，声明我们的权利。

你的个人“人权宣言”

现在，我想让你写下你相信自己拥有的权利。

如果你在想，请解释你的火星语，杰茜。好的，我听到你的心声了。你的“人权宣言”里应该包含这些内容。

- 你有自由言论的权利吗？
- 你有不受骚扰的权利吗？
- 你有不受侵犯的权利吗？
- 你有说“不”的权利吗？
- 你有权利在觉得自己受到威胁时反击吗？
- 你有权利信仰你选择的宗教吗？
- 你有权利幸福吗？
- 你有权利受人尊重吗？
- 你有权利享受安全与健康吗？

我想让你提笔写下：“我有权利……”写出完整的句子对你来说也是一种赋权练习，没错，跟我说“我有权利……”自信的肌肉越锻炼越强壮。

笔记时间

我的“人权宣言”，我有权利：

在读这章后面的内容时，你一定会想出其他可以添加的权利。请返回来，把你美妙的想法加上去！

如果我们自己，或是他人违背了“人权宣言”会发生什么？让我来描述一下。

以健康的方式处理你的情绪

你认识总是生气、满口牢骚的人吗？我很确信你认识——我们都认识这样的人。我向你保证，这些人“受过伤”。他们没有遵守自己的“人权宣言”，或是他人逾越了他们的“人权宣言”。

我们都有与生俱来的“人权宣言”，不论自己是否知晓。我们都生来就有一只杰明尼蟋蟀，在脑袋里告诉我们什么是对的，什么是错的。当不好的事发生在我们身上时，或是我们做出错误的选择时，我们会感到受伤，这是有原因的，这也正是情绪存在的原因。

这种艰难的经历以及它们所激起的情绪是很难放下的。这里我们又谈到了累赘的问题。当你的朋友告诉你，你不够聪明，进不了辩论队——你的累赘背包就又多了一块儿秤砣。当你去参加“冰上迪士尼”演出面试，想实现自己的梦想时，却没能被选中——又是一块儿秤砣。在走廊里摔跤，被男朋友甩，向父母撒谎被识破，传难听的谣言，听到别人传你的谣言，你朋友给你看了色情片结果你一直忘不掉里面的画面，你的进食问题，你的男朋友在亲热的时候做得太过侵犯了你的“人权宣言”，你爸爸吼你太懒，你感到抑郁，你珍爱的毛丝鼠帕皮死了……一块儿又一块儿秤砣，压得你快要直不起腰来。

这些累赘拖得你太累，让你变得愤世嫉俗、消极、悲观、不被信任。最可怕的是，你不知道如何改变。

我要告诉你，改变其实很简单，把这沉甸甸的累赘从你疲惫的肩上卸下，再把它踢出你的生活。脚好疼呀！还是想象成扔下悬崖吧。

—方法 12—
处理情绪——有负面情绪就发泄出来

想象这样一个画面，你把自己所有的负面情绪装起来，比如被拒、尴尬、愤怒、沮丧、忧伤、无法应付、压力、侵犯、失去控制，等等，然后想象你自己站在巨大的悬崖顶上看着无边无际的大海。夕阳西下，水面波光粼粼，金色的阳光洒在海面上，很是耀眼。

你独自一人，只有一包硕大的累赘作伴。看看每一块秤砣，感受它们给你带来的情绪——放开自己，去感受。你想的话，可以哭，可以喊。

拿起这个包袱，把它扔下悬崖。看着它一路落下，掉进水中。它激起大大的水花，就这样消失在戴维琼斯（深海阎王）的八音盒里（抱歉，我忍不住，必须得提一提《加勒比海盗》）。

然后，大声对你自己，或是伤害你的人说：“我原谅你。我要放下。”把这句话说出来，尽力说服自己这是真相。当这些累赘再次困扰你，不要容许它们在脑海里停留。把它们赶走，然后再说一遍：“我原谅你。我要放下。”

关于痛苦，你只需要记住一点，那就是时间能抚平很多创伤。给自己一点时间，给自己一点空间，努力想一想，怎样才能最快、最有效地让伤口愈合。

是去山谷散心吗？是静静不动，听风吹叶子的声音吗？是听你最爱的音乐吗？是看你最喜欢的电影吗？是读你最爱的书吗？是冥想吗？是锻炼吗？还是按摩（把我带上！）？或是一个月里每天都小睡一会儿？是跟你的家人相处吗？是哭，是喊，还是大发脾气？这些听起来可能很怪，但是它们都是可以帮我们处理情绪的事。如果我们不给自己时间充分感受，那么就只能一辈子拖着烦人、沉重的累赘。那可不好玩。谁想坐上总是生气，满腹牢骚的火车呢？没人想。

好了，回到上面一部分，在你的“人权宣言”里加上“我有权利感受我的情绪”。想哭的时候就哭，想喊的时候就喊，把情绪都发泄出来。

发泄是必须发泄的，但发泄完之后，你必须前进！不要允许自己停留在那些黑暗的角落里，不然你可能会困在里面。要动起来，才能前进。

早晨起来，穿好衣服，穿好鞋，梳好头发，给朋友打个电话，叫他们出来玩，跟妈妈去购物，跟哥哥去野餐，锻炼，做点好吃的，去散散步，涂涂指甲油，或者去看看你的祖父，跟他玩皮纳克尔纸牌游戏，赢他。要前进。

权利决不拱手他人

我们都是有力量的。我们生来就具有能量——写在我们的DNA里，印在我们的灵魂中。当我们背叛了自己的个性和正直，就是在把自己的权利拱手他人。这就好像我们抱着一大碗暴风果（个人力量的象征），发给别人。我们可以做出的其他选择很多。下面是几个例子……

—方法13—
不要移交你的个人力量

- 我不敢为自己说话。
- 我讲善意的小谎言。
- 我不敢为我朋友说话。
- 我八卦。

- 我为了让别人感觉好，故意贬低自己。
- 我参与自己不喜欢的活动，只因为我想合群。
- 我跟我不喜欢的人玩，因为我想更受欢迎。
- 我不会说“不”。
- 我有拖延症。
- 我欺凌他人，嘲弄、批判他们。
- 我不在课上举手，即使我知道答案。
- 我随大流。
- 我不尊重我的父母/监护人/老师。
- 我对他人指指点点。
- 我拒绝一些人加入我的谈话。
- 我让压力控制了我的情绪。

如果你有以上任何一项自暴自弃的行为，你就是在将自己的力量交给他人。这也不是我们想搭上的火车。不管你相信与否，你都是有力量的。你身上有很多伟大的东西，但当你做这些事时，你的力量就被削弱了——你让自己变傻了。如果你真的想知道你身上有多少魔力，亲爱的赫敏·格兰杰，那就开始把这些习惯从你的生活中赶出去。拿起你的老魔杖，出发！

力量之秤

想更清楚地了解我们的力量掌握得有多好，就把它放在秤上称一称吧。

什么样的秤呢？我来讲几个我的故事，你能有同感的那种，告诉你是什么样的秤。注意本章中会继续出现这种句子。

这个称出来是1到2……撒谎。

我的冒险故事

——好心办坏事后，撒谎逃脱

我16岁的一天晚上，我在帮我的舞蹈老师看孩子。宝宝已经睡着了，我的老师和她丈夫马上就要到家了。我想，我可以给他们打扫打扫家，也许他们就会多给我点报酬。所以，我就去了厨房，擦擦洗洗，喷消毒液，把一切都整理好，直到整个厨房都闪亮如新。最后，我把洗碗机塞得满满的，按下开始键，然后回到客厅，脸上挂着自我满足的微笑。干得好，杰茜。

我去看电视了，可没过几分钟，我就开始听到咬米糕一般的咔咔声。这是怎么了？我想洗碗机不应该发出砰砰、咔咔的声音吧。我好像是把洗洁精误当成洗碗机洗涤剂放进去了！这两个东西是不一样的。

我到了厨房，就看到厨房的地板被延伸了两英尺的泡泡覆盖了，并且泡泡还在从洗碗机里往出冒！我跑过去关掉机器，然后飞奔到放毛巾的柜子里抓了一大堆毛巾。我冲进厨房，一路滑着走。我吸啊、擦啊，好不容易都弄干净了，把毛巾扔进烘干机里，快步走回沙发，没过几秒钟，他们就走进了门。哇！我告诉你哦，那地板在发光啊！

跟他们打过招呼后，我就收拾了自己的东西，准备逃走。但他们没等我走到门前就发现了：“哇哦，杰茜，地板好亮啊！”

我紧张地微笑着。“啊，小事啦。”我答道，还在一点一点往门的方向挪。

我就要走到门前时，老师路过了洗衣房。“烘干机里是什么啊？”我闭上眼睛，什么也没说。“这些毛巾怎么跑到烘干机里了，杰茜？”

我慢慢转过头，直视她的眼睛，然后耸了耸肩：“不知道。”开门。甩门。杰茜直奔她的车。

我们仍然是朋友，直到今天，他们也不知道那些毛巾是怎么跑到烘干机里的。实际上，我这是在骗谁呢？他们后来肯定打开了洗碗机，到底发生了什么就不言而喻了。我为什么要撒谎呢？如果我直接告诉她真相，她肯定会笑到肚子疼，然后说：“啊，可爱的杰茜。至少你想做点好事，那就是加分了。”

那我为什么要撒谎呢？不知为何，我以为撒谎、放弃我的权利会容易一些。你有同感吗？你有没有做过什么不符合你的个性，让你的正直减分的事呢？人类很奇怪，不是吗？我们为什么要做那些把我们的生活变得艰难、复杂的事呢？停下吧。我投票赞成。就从决定保留自己的力量开始吧。拥有并抓住你的力量是巨大的解放，能让你惊叹！

剔除欺凌因子

这个在个人力量的秤上能称到3到4。

你曾遭受过欺凌吗？我说的不一定是“放学后旗杆下见，傻子！”的那种欺凌。我说的是，你有没有被人传过不实的谣言？你有没有被人残忍地当作八卦谈资？你有没有收到过恶毒的短信？你有没有在走廊里被人故意绊倒、撞到过？你有没有被人嘲笑过？简单说，你的感情有没有被人刻意伤害过？如果有，你就是被欺凌了。没错，即使伤害你的人并不是想在午餐时间给你脸上一拳的大块头男生，你也是被欺凌了。

下面，难回答的问题来了……

你有没有欺凌过别人？

我想可能有一些人会承认，你嘲弄过别人，或是八卦过，取笑过某人，我很确定，如果你昨天把谁打了一顿，你会很清楚自己确实是个欺凌别人的恶霸。但是其余人，可能会说：“当然没有了！”

我承认我青春期的时候也是个校园恶霸。我来告诉你，欺凌别人很不好受。咱们不要做这种事……好不好？

通过下面的小测试确定你是否欺凌过别人。

小测试：你是欺凌人的恶霸吗？

你有没有在自己的敌人失败、陷入尴尬处境，或是受伤时，高兴地庆祝过？

你有没有八卦、嘲弄、取笑过他人？

你有没有冷眼旁观，看别人被伤害、被取笑，而不敢站出来帮他们？

你有没有给别人发过残忍的短信？

你有没有故意不让别人参加某项活动，借此来伤害他们的感情？

你有没有单单因为不想理某人，就有意避开他/她？（除非这个人有问题——这种人你是可以避开的。）

你有没有认为自己高于别人？更漂亮，更有才，更聪明，更酷，更有钱，更受欢迎？

你有没有做过害别人陷入麻烦的事儿——怂恿他们嗑药、做爱，或是欺负别人、偷窃？

那么，你有没有欺凌过别人呢？即使你只是做过以上例子中的一个，那我也要很抱歉地告诉你，你有过。也许你当时已经意识到了，也许你当时并没意识到。不管怎样，你喜欢自己曾做过那些事的事实吗？你想过那种生活吗？你想怎样出现在别人的记忆中呢？你喜欢弥漫在家中、学校里、小区街道上——甚至我们这个世界的仇恨气息吗？它能做些什么呢？它能造成怎样的伤害呢？你已经知道答案了。我用一切来祈祷、祈求，你会觉得需要改变。如果你把自己的时间和精力花在对他人残忍上，你就永远不会成为你本可以成为的人。想一想，你如果选择与人为善，能省下多少时间。事实在于，解铃还需系铃人！这个系铃人是你，是我……是我们所有人——我们都需要做出选择，放下仇恨。

如果你真心觉得你不是恶霸，但你很确定自己是欺凌受害者，或者你发现自己又是受害者，又是欺凌者——你该怎么做呢？怎样才能避免成为恶霸的欺凌对象呢？怎样才能停止欺凌别人呢？答案在这里：

爱

爱，我们每个人都能做到。爱可以驱散恨意，改变这个世界。如果你不爱自己，不爱他人——你就无法幸福。咱们原谅那些恶霸吧，原谅你自己对别人的欺凌，继续前进。

如果你是仇恨的受害者，那原谅只能帮你到这里了。下面这个小方法能帮你变得跟我最爱的《哈利·波特》人物一样强大，她就是——卢娜·洛夫古德。

—方法14—
C.L.A.W.——削弱“恶霸”力量的武器

C—Calm 冷静

L—Love 爱

A—Avoid 躲避

W—Win 赢

没错，宝贝。合起来就是Claw（爪）！听起来有点可怕，还很嬉皮士，对吧？听我一回—— 它确实有用。先试试读这一部分，我会证明给你看的。你可以将欺凌事件分散，只需要保持冷静，表现出爱，躲避恶霸。最后你就赢了！

这个武器有用，是因为它能分散恶霸的力量。分散就是削减这件事的强度、疯狂、恨、愤怒，还有力量。就像分解炸弹一样……不过这回，分解的是恶霸炸弹。

如果这个听起来好像很熟悉，我不知道，也许是黄金法则？这个理论就是从那儿来的。己所不欲勿施于人。

黄金法则古老、永恒，太有才了。很明显，它是在教我们与人为善，但我觉得它还有更深层的意思。我相信这句话给了我们一个方法，可以用来对付难相处的人。怎么说？我的理论是这样的——如果你对别人好，那对方是很难不对你好的。让我再说一遍，如果你对别人好，那对方是很难不对你好的。所以，如果你遇到难相处的人，而你保持冷静、善意，他们就会很难对你差。

试试能有什么损失呢？试一试CLAW吧。下次有人说奇怪的话，想惹你，用赞美来回应，享受他们脸上困惑的表情。你就赢了！

回放C.L.A.W，你的分散武器

1. 保持冷静，不要愤怒、沮丧、悲伤。愤怒只会让火燃烧得更旺，你还会是欺凌的对象和受害者。恶霸要的就是你的反应。不要加入他们的游戏。你强大得多。

2. 向恶霸展示一点爱。小小赞美他们一下，然后马上离开！如果你只是不理他们，他们就会继续欺负你。你必须“还击”，只不过用的是爱，也要试着把这个游戏玩得开心些嘛。

3. 避开他们。这个听起来有点过分，但恶霸们都是有问题的人，如果你试图跟他们交朋友，只会让他们再次取得主动权，你可能会被拖累，会再次遭受欺凌。

4. 赢了！分散事件，而不是添油加醋，你就可以夺回权利。

关于恶霸的最后一点——这点很重要。如果你，或是你认识的人被恶霸所伤害，一定要寻求帮助。你的父母、监护人、导师、邻居，学校的领导，简单来说，就是任何可以信任，并能帮你摆平欺凌者的成年人。不要容忍任何形式的暴力。你值得被保护。

好了，咱们可以接着解释个人力量的秤了。

合理管理你的压力

这个称出来是5到6……自我毁灭。

我的冒险故事

——合理管理压力，没人能永远保持冷静

有一次，我到厨房去，给自己倒了一碗我最爱的谷物：里斯泡芙，这是市面上最不健康的谷物，但是它的味道绝对值每一口摄入的一千卡路里！我小心地准备着这天堂来的吗哪（manna，《圣经》所说的古以色列人漂泊荒野时上帝所赐的食物），但我还一口都没吃，我肩上的那个小恶魔就出现了，开始对我说：杰茜，你怎么可以吃这种东西？你真的不该吃，你会变胖的，你已经有点肉肉的了！

我们得回放一下这件事的背景。这一天，我已经经历了压力很大的3个月，终于熬到了最后一天。我之前一直被强压所困，疲惫极了，我忙得不行，日程排得满满的，我还很偏执地

想要一切都完美。

没人能永远保持冷静。没有人可以！

所以，当我肩上的小恶魔告诉我，我没资格吃一点深夜零食时，我不知道那一刻到底有什么深刻意义，但它成为了压倒骆驼的最后一根稻草。我彻底失控了！我开始大声尖叫——能叫多大声就叫多大声——而且完全不知道是冲谁发怒！

如果我的邻居当时透过窗子看见我，他们看到的就是一个尖叫着、甩着胳膊的疯狂女人，他们应该会打电话给疯人院吧。我真的是失控了。我在喊“我想吃这碗谷物就可以吃！”“我喜欢吃谷物，我就有权利吃！”，还有“你××算谁啊？你有什么资格告诉我能吃什么不能吃什么？”之类的话。这样喊了大概20分钟之后，我喊出了最后一句话：“我再也不害怕了！”

我在厨房的脏地板上躺下，狠狠地啜泣起来。好好哭一顿的感觉好美妙啊……那种哭得到处都是鼻涕，满脸睫毛膏，每次呼吸都会抽搐的大哭——那种歇斯底里的大哭。

我终于坐起来，深吸一口气，想，我是癫痫发作了吗？接着，我想起了刚刚发生的事，感觉真的像我的意识与身体分离了，因为这次癫痫发作一般的体验中，我根本就没有意识。

我仔细地回想我最后喊的那句话：我再也不会害怕了！我这才意识到自己之前一直生活在恐惧中。我害怕自己不够完美，害怕因为不够完美而让身边的人失望，我很疲惫，因为我总是摆出一副我很完美的假象。

太过追求完美只会让你被关进疯人院，住进加强防护的房间里，姑娘们。

我相信，我们必须允许自己放下戒备。我们必须允许自己在生活中真实、脆弱、放松，因为我从自身经验中总结出，你一下子处理太多事情，太过追求井井有条的效果的话，你就一定会失败的。

下面这些压力管理技巧实实在在地帮到过我。我知道它们能帮你过上更平衡的生活。

抓住你的力量，意味着你必须在自己的日程表和你对自己的期望中找到平衡。

还记得那次关于照顾自己的谈话吗，女孩们？加油！

—方法15—
合理管理压力，拒绝不健康恋情

压力总是与青年人如影随形。青少年有很多事情需要平衡，工作、社交生活，等等。啊！想一想我都觉得压力大。

《十七岁》杂志分享了真实的女孩们提出的一些很棒的抗压小建议：

完美韵律：“我觉得弹吉他、写歌，或是循环听我最爱的歌、最爱音乐家的作品，都有很好的放松效果。”

——米歇尔，新泽西州

女孩派对：“我打电话给我最好的朋友，我们一起过慵懒的一天，穿着睡衣，看电影，吃蛋糕，对缓解压力非常有帮助！”

——布里塔尼，田纳西州

呼吸新鲜空气：“我每天放学后都会去散步一小时。这能让我保持清醒的头脑，还能呼吸很多新鲜空气！”

——海莉，德克萨斯州

畅谈：“出现压力非常大的事时，我会跟我妈或朋友们谈。我知道他们并不能解决所有的问题，但有时候找人谈一谈本身就很有帮助。”

——菲欧娜，加拿大，安大略省

感受创伤：“我总是为了小事生气，比如工作、朋友之间的事、学业，还有家事。这种情况发生时，我就会冲离我最近的人发火，结果总会伤到我的朋友和家人。为了释放压力，我会打开iPod，去跑步，或是一直做仰卧起坐，直到我累得不能再做了。锻炼能产生内啡肽（它能让你心情好起来！），还能促进循环。所以，做些运动，我就能把对我（和我身边的人）

不利的东西转化成有利的。”

——艾莉许，加拿大，安大略省

芳香疗法：“说来有些奇怪，我压力大的时候喜欢喷我最爱的香水。喷我最爱的椰果香水能帮我从学习、作业、俱乐部、运动的压力中放松下来。”

——杰茜，马萨诸塞州

独处：“有时候我需要花一天的时间，放下平时的疯狂，自己一个人过。我会放我最爱的歌，涂涂指甲油，或是读一本平时太忙没时间读的书。”

——卡莉，明尼苏达州

记日记：“我必须把我的感受全说出来。如果我不能直接跟别人讲，我就写下来。我的日记一直是我的压力救星！”

——苏珊，加拿大，安大略省

瑜伽：“经历一周漫长的工作和学习之后，我喜欢做瑜伽来放松。确实有帮助，尤其是呼吸训练。”

——西莉斯特，佛罗里达州

咱们来梳理一下这几个管理压力的技巧：

- 音乐
- 女孩派对
- 散步
- 跟可信任的朋友谈话
- 锻炼
- 芳香疗法
- 独处
- 记日记
- 瑜伽
- 大笑
- 热水澡
- 深呼吸
- 做些健康的美食
- 按摩
- 小睡
- 玩玩滑梯，荡荡秋千

笔记时间

去拿出那支毛茸茸的羽毛笔，开始记笔记吧！

你压力大的时候一般会做什么呢？你想怎样缓解压力呢？

好了，现在回到个人力量的话题上。

远离不健康恋情

这个称出来是7到8……无辜被卷入糟糕的情况之中。

这需要很多力量，但你总能寻到救自己于苦海的力量。

我的冒险故事

——相信直觉，避免性侵

那时我还是个天真的12岁小女孩，我和朋友受雇于她家人的熟人，去给他的新房子粉刷。那是份不错的工作，收入很好。我每天都能跟朋友一起度过几个小时。我们可以一直不停地聊天，非常愉快。那个雇我们的熟人人很好，给了我们不少额外报酬，还总准备好吃的给我们吃，放音乐给我们听。可是，自打一开始，这件事就不太对劲。我说不清是什么不对，但我就是不喜欢跟他相处。

那晚，还有两天我们的工作就要结束了，他邀请我们去他的热水池游泳。我们带上泳装，非常激动。我还以为只是我们去，可那个人却突然出现，准备好了电影，问我们想不想来点娱乐。

我们说："好啊。"

他问："卡通怎么样？"于是他开始放一部动画，但内容却完全是色情片。我很不舒服，却不知道怎样应付，因为我从没遇到过这样的情况。

过了一小会儿，那人回到房间里来，说："你们喜欢这个视频吗？"我俩互相看了看，都是一脸困惑，想，我们怎么可能喜欢这种东西？他是怎么想的？

然后他问我们，他可不可以跟我们一起进池子里。

我朋友马上就回答了："好吧。"毕竟这是她家人的朋友，她家人是信任他的。

可我却觉得很害怕，马上想离开这个池子，离开这栋房子，永远不再回去。他在我们面前脱掉了上衣、裤子，露出里面的泳裤，跳进了热水池。我忍无可忍，立即爬了出来。

我后来没再回去刷完他家的墙，我也不在乎。

这件事里有两个教训。

第一，要相信你的直觉。我一开始就知道，给这个男人干活有点不对劲。我并不知道是什么不对劲，但我一直觉得跟他相处很不舒服。要相信你的直觉。你生来就有一只美丽的杰明尼蟋蟀，它是个聪明的小家伙。

第二，他在"准备"我们。这是司法人员用的一个词，说的是性侵者和他们的目标（就像我这样天真的女孩）。性侵者一开始会表现得非常善良、非常风趣，以赢得你的信任。然后他们会稍稍开始逾越礼仪的界限——在我这件事中，就是给我们放色情动画。他们会等一段时间，看着目标反应如何，然后再行动。

了解性侵者的犯罪行为模式，能给予你必要的知识，避免陷入这种境地，也帮你的朋友避免这样的事情。

关于这件事，我唯一的遗憾就是我没有跟她谈谈，让她也不要再去了。我们也应该跟她的父母谈，但我们没有。我们都保持了沉默。不要沉默，姑娘们——要把话说出来！

接下来……最后一个秤的例子。

个人力量伤害指数9到10……不健康恋情。

我的冒险故事

——上大学时，被男友“掌控”的暗淡时光

我上大学的时候，遇到一个男生。我立即被他迷住了，因为他太有趣了。你大概可以说我是“黄色”性格，也就是说，我喜欢轻松愉快的时光。而他就是愉快的代名词！他能让我笑起来，总能做出出人意料的事，最棒的是——他也疯狂地喜欢我。

那时我们刚开始约会，我们俩都饿极了，可身上的钱加起来还不够15美分。不知怎么，我们就开始玩这样一个疯狂的游戏，在各个公寓门之间跑，直到跑成了一阵风，上气不接下气。

“嘿！（喘气，喘气，大大的微笑）我们在玩寻宝游戏呢，（喘粗气）只需要找到最后两样东西了，一个红色别针，或者一美元！（呼吸，喘气）您能帮帮我们吗？”

当然了，没人有红色别针——我甚至不知道红色别针这种东西是否存在。于是他们给了我们什么呢？没错。我们最后拿到了20美元，然后就去店里狼吞虎咽地吃下了一份冰淇淋布朗尼。那真是一段最美好的时光！这个男生简单来说就是这样一个人。我太喜欢他了！

一段时间后，我开始注意到，有些事让我很难受。

一天晚上，我们出去吃晚餐，我刚买了一件可爱的深蓝色大圆领上衣，露出我最美的部位——我的锁骨。放松，只是锁骨而已。他上下打量了我，敷衍地来了句："杰茜，我觉得你不适合穿蓝色。"呃！这句小小的评价伤透了我的心，因为这件衣服是我刚买的，我还觉得自己穿着很好看呢——简直是小奥黛丽·赫本啊！我也觉得我很适合穿蓝色。

有趣的地方在这里。我怎么回答的呢？我本想说："啊，开玩笑吗？你以为你有资格告诉我我该穿什么颜色，不该穿什么颜色？我才有权决定我穿什么好，什么不好！啊啊啊！"

我有足够的自信说出这话吗？没有。

实际上，我的回答是这样的："哦，你不喜欢吗？我还以为你会喜欢呢！"而且，我很遗憾地说，之后我们再约会，我挑衣服时直接跳过了蓝色的那些。因为我"不适合穿蓝色"。这可不行。

现在想想我当初没为自己说话，就觉得后悔——我当初太把他的批评当回事，而放弃了我的个人力量。后来我回想起来，意识到这只是很多警告信号中的一个而已，我早该发现这是一场不健康的恋情。只是当初的我却没有认识到，这真是让我后悔不已。我把门敞开，允许他肆意利用、虐待我。我允许这样的事情发生，是因为我对自己的价值认识不够，不够珍惜自己。自信……是多么重要的品质！

他那天晚上是在试水，看我会如何反应，而我正中他的圈套。我枯萎、凋谢了……当然，这种反应很微妙，因为他不可能直接扇我一巴掌，或是做些什么特别极端的事。但是就这样，很快我们的关系开始变得不健康。

他开始像奴隶一样把我使唤来使唤去，指使我替他做作业，给他收拾东西，给他洗衣服，甚至还有更烦人的事。他还试图控制我的日程。他想让我每天一放学就给他打电话，而我不想，他就会嘲弄着说："你怎么没给我打电话，你是劈腿了吗?"或者他会说这样的话来操纵我："我就是特别想你。我不知道你很好的话，视线都会模糊。"恶心。这叫操纵摆布，姑娘们，我们有时候也和男生一样会用到这种手段。

遇到这种事一定要看清楚！这是一场扭曲的、不健康的游戏，而且是十分真实的游戏。我现在想到我让这场游戏继续了那么久，还是会觉得很受伤。我跟这个混蛋在一起整整一年。他批判我、操纵我、控制我，还迫使我参与我不想参与的性行为，我听他的，因为我当时没有掌控这些方法。我没有自信说："呃，不！滚出我的生活！"

我有说这是在大学时吗？我应该足够成熟，可以掌控自己的人生，可我并没有。

所以我现在才选择谈起这件事。所以我现在才选择做些什么。我在尽力警告你，远离虐待的危险。这也是我后来愈伤的方式。这个问题十分重要，必须要谈。我们能阻止恋爱中的暴力！

最可悲的是，我的事并不是特例，还很常见。看看这些来自美国网站的数据：

- 每一年，4个青少年中就有1个会遭遇言语、肢体、情感上的虐待，或性虐待。
- 5个青少年中有1个会成为情感虐待的受害者。
- 5个高中女生中有1个曾遭受过约会对象的肢体或性虐待。
- 根据普查，高中生认为他们同龄人中遭受恋爱虐待的比例高达54%。
- 3个青少年中有1个表示，有认识的朋友或同龄人曾被自己的约会对象暴力伤害过，方式包括拳打、脚踢、扇耳光，以及掐喉咙。
- 80%的青少年相信，言语虐待在他们的年龄阶段，是个很严重的问题。
- 将近80%在恋爱中遭受身体虐待的女孩选择继续跟虐待者在一起。
- 将近20%有过恋爱经历的少女说，她们的男朋友在分手时以暴力要挟过她们。
- 将近70%遭受强奸的年轻女性表示她们认识强奸犯，性侵者曾经，或者当时是她们的男友、朋友，或是熟人。

- 大部分青少年恋爱虐待事件发生在单亲家庭。

来自普林斯顿大学的一篇文章显示，青少年都会经历很多变化，包括身体变化和精神变化，他们很可能面临自尊挑战。

有研究者相信，如此之多的变化同时发生，才导致很多年轻人在这一阶段烦恼不断。要同时应付青春期的发育、学业上的过渡、认知发展，以及恋爱中的关系，青少年身上出现成长问题的风险也就增加了，这些问题包括自尊心受损、过早参与性行为等。

虐待是如何开始的？

如果一对情侣第一次出去约会，突然间，女孩就抡起手臂给了男孩一耳光，只因为他没给她点对菜，你觉得他会保持冷静，重新坐下，接着享受约会吗？当然不会。

但是，如果她一开始又贴心、又善解人意，然后她很随意地批判了他的衣服，接着，下次约会时她又说他的笑声真傻，说完又来一句“开玩笑啦”。

几周之后，她嘲笑他在篮球比赛中几次投篮没中。她还告诉他，她受不了他的朋友们，要求他不要跟朋友们玩，陪她……只陪她。

最终，他们之间有不同意见时，她给了他一耳光。你看明白了吗？虐待，不论是言语上、情感上、肢体上、性方面，还是精神上，总会从很小的残忍举动开始。任何批判、嘲弄、奚落、欺凌、操纵，还有控制的行为都是大大的红色警告信号，告诉你后面还会有更糟糕的。它们是暴风雨前的平静。

澄清一下，我并不是说，跟你约会的男孩对你说，你不适合穿蓝色的话，他就一定会对你进行肢体虐待。也许他不会。但重要的是，他可能会。即使他永远也不打你，你又为什么会喜欢跟一个愿意把你踩在脚下，让你觉得自己一文不值的男生在一起呢？

永远不要允许别人这样对待你。你值得享受贵族的待遇！

学会辨识不健康的恋情

试试这个小测试，看看你的男朋友、朋友，甚至家人是不是施虐者，任何形式的施虐。你必须明白，这些警告信号都可以帮你辨识不健康关系，你也许会需要斩断这些联系，或是寻求帮助。如果你无法将施虐者排除在你的交际圈之外，那就设置健康的界限，尽力远离他们所带来的毒素。记住，我们的目标是一开始就远离不健康恋情。

小测试：虐待的红色警告

- 这人爱发脾气吗？

- 这人喜欢把你踩在脚下，让你自我感觉很差吗?
- 这人喜欢吼你，然后第二天给你买巧克力，说他/她“很抱歉”，“绝不会再有第二次”吗?
- 这人试图控制你的交际圈，你去的地方，还有你的衣着等吗?
- 这人在肢体上伤害你——狠捏你的手，推你，打你，戳你，撞你吗?
- 这人嘲笑你胖/丑/烦人吗?接下来他/她会说“开玩笑啦”或是“这么不经逗啊”吗?
- 你跟这个人在一起时，感觉如何?焦虑，担忧，害怕，如履薄冰?
- 这人逼你参与肉体上的亲密行为，还在你犹豫时贬低你吗?
- 这人威胁你，说你如果要分手，或是告他们的密，就会伤害你吗?

只要这几条中有一条或两条可以用来描述你和一个人的关系——那就赶快结束，不要回头！我有没有说过，你值得拥有健康、充满爱、安全的恋情?这是事实。

怎样脱身?

据我所知，避开、逃出不健康恋情的最好方法，就是鼓起勇气和自信，说“不”。如果你的约会对象展现出哪怕是一点点控制或操纵的倾向——或者说，你就是知道，你不想再跟这个人约会，不要犹豫，直接说“不”。

如果跟你玩的人对你指手画脚，你不喜欢他们身上散发的负能量，下次他们想约你玩，就礼貌地说：“不了，谢谢。”就这样。不需要借口，不需要补偿。不需要撒谎说你需要给你的猫剔牙。只要说“不”。这是一个完整的句子。还记得方法3吗？如果你觉得“不”很难说出口，翻回到技巧1去，复习一下说不的方式。你要允许自己说“不”。他们要是觉得伤心怎么办呢？那就祝他们的心好运吧，他们只能忍着了。太过分？不，女士，我说得没错。我就是这么爱你们。我愿意给你讲不好听的真相。

你不需要解释，不需要弥补，不需要找任何借口。这种人想约你时，直接说“不”。

你必须在事情发展到失控前斩断不健康的关系，还要学会一开始就避开不健康恋情。首先，要相信你的直觉。如果你跟某人在一起时，感觉担心、焦虑、害怕、无助——尊重这些感觉，尽快从那种场合脱身。我说清楚一些——如果你在跟某人交往，不管是男孩还是女孩，不管是恋爱关系还是只是朋友，如果对方有虐待倾向，你都有权分手，或者拒绝再次跟此人在一起玩。不好听，对吗？没错——我这话就不是为了好听。你值得被保护！

如果你发现自己已经身处不利境地，有人控制你、虐待你、操纵你，你可以寻求帮助。如果你不知道该做什么，不知道该如何从这种关系中脱身，去找你最信任的人谈谈，那可能是你的父母也可能是你最好的朋友。他们能帮你！你可能觉得这样显得自己很差劲，或是太软弱……觉得你能自己摆平……觉得情况没有那么糟……觉得你自己就可以。但你很有可能需要帮助。去找人帮你！如果你的犹豫是因为你害怕你想摆脱的人会生气……那你就更该找人帮忙了！

要过好你的生活，就必须有安全、自信的心态，不能总觉得害怕，受控制。如果你认为你是唯一一个经历这种事的人，因此觉得尴尬、绝望，那你就错了。根据疾病控制预防中心的调查，“9.4%的高中生都在调查进行前的12个月以内，被他们的男女朋友打过、扇过，或伤害过。”什么？我不是唯一一个觉得这个数字令人震惊的人吧？我觉得这样的情况绝不该被容忍。你同意吗？我知道你一定会的。请记住，你不是一个人。任何事都不能成为暴力的借口。你一定能找到愿意帮你的人！

你如果对真实的自己充满自信，就会知道你值得被爱、被尊重，你会被爱、被尊重。你不会委曲求全，和一个“大部分时候”还好的人在一起。你会知道，你值得拥有坚实、健康的恋情，它能带你走向你想要的人生方向。如果你自信，你就能更好地避开不健康恋情。

挑战

这周，衡量一下你的各种关系：跟朋友、跟家人、跟男朋友的关系。这些关系需要清理吗？意思是：这些关系中有已经困扰了你一段时间，需要解决的问题吗？有没有个别人应该从你电话通讯录中的“收藏”一栏中删去呢？退后一步，四周看看，思考你对每个人的感觉和想法。如果你需要建立更牢固的界限，或是把一些人彻底踢出你的生活，那就那样做。你要过你应该过的生活，这些就必须做到。你可以善良，有礼，诚实，同时又在生活中树立尊重的法则。

领导者选择永远不让有毒的人阻止他们前进的脚步……一切取决于我们的选择。

写下你的经历：

SKILL 7

学会自我保护

不怕一万，只怕万一。

|中国谚语|

自我保护是一项生死攸关的技巧。这一章里，我们将会谈到如何保证自己的安全，建立牢固的个人空间界限，深入发掘你保护自己身体的能力。

跟着我说：我应该得到保护！我应该得到保护！

我的冒险故事
——疯狂的防身技巧

一天晚上，大概11：30的时候，我在一家自助洗车行停车。刚走出车门，我就觉得应该快点离开那儿。因为我本来就害怕黑（这绝对是真的——我也不会为此感到不好意思），我决定相信直觉。我跳回车里，以最快的速度驾驶，离开那个地方。我开着车，心脏还在胸膛里砰砰直跳，我想，我要是猎食者，会去哪里寻找我的猎物呢？

答案很明显——我会在半夜11点半去自助洗车行！水泥墙壁、被阴影包围……这就是追捕猎物的最佳地点。那一刻是我顿悟的一刻，我记得自己这样想道：哇哦，我真的是有直觉的。

我们生来就具有这种强大的天赋，姑娘们。只要耐心倾听、跟随内心安静的罗盘，就能找到与自己身体和谐的步调——这罗盘就是我们的专属杰明尼蟋蟀。我相信，听从直觉，我们就能远离错误的路，永远走在正确的轨道上。

下面，回到眼前的话题——防身！说到防身，我可是那种疯狂的防身技巧宣扬者！我告诉你，我有一天肯定会到华盛顿特区去，站在国会山的接待大厅里，要求把防身加入公立学校的必修课。这逻辑我有些无法理解，我们在学校都要学代数，而这门课98.9%的人以后都根本用不到，却不学如何保护自己的身体！美国司法部告诉我们，16到19岁的青少年“遭受强奸、强奸未遂，或性侵犯的可能性是普通人群的3.5倍”。

我很惊讶，这样惊人的数据竟然都不足以引起整个社会对这一毒瘤的重视。

教育是可以直接利用的资源，而防身是生死攸关的问题。我告诉我的孩子们，只有3件事必须要做，没有商量的余地：上大学、弹钢琴、练空手道。我女儿和我是同时开始学空手道的。那时她7岁，我28岁。我们一起学习如何自卫，这是很美妙的体验。很明显，学空手道的最初目的是要学会自卫，可学习之后，你会发现许多意想不到的收获。你会学到自我克制、尊重、自律，还有我最爱的一点——自信！我从空手道课程中学到的很多东西，都是当初没有料想到的。我以为我要学的只是一种技巧，只有在半夜有黑衣男人在自助洗车行袭击我时才能用到，可我还学到了如何控制我的力量，珍视我的安全，相信我自己。

防身是很重要的，尤其是对女孩们来说。我们必须足够强大，有能力保护自己。还有一样最有用的东西就是，如果你走路的姿势就流露着自信，那你遭受侵犯的几率就会小很多。捕猎者会选择攻击特定的人，这些人下意识地在自己的行动中传达这样的信息——我不会反击。所以，当你昂首挺胸，面带微笑，步伐有力时，你成为受害者的几率就已经大大降低了。自信的姿态本身就蕴藏着巨大的力量。（听起来像我们之前讨论过的什么，对吧？）锻炼自信的肌肉，姑娘们！

这点我一定得说清楚。任何暴力事件、虐待事件的受害者都没有错——不管自信与否，不论他们是否受过训练。可怕的事情可能发生在任何人身上，这不过是现实生活中残忍的事实。我们不能控制其他人的行为，但我们能做好准备保护自己。面对可能发生、也可能不会发生的恶性事件，我只是希望你尽可能地做好准备。要记住，这不光是为了你身体上的安全着想。做好防御措施，也有利于你长期的情感和精神幸福。

如果你在想，我也想上空手道课，但我没钱啊，杰茜！我建议你打电话给你们县里的每一家空手道培训班，用劳动换课程。我对空手道的推荐就有这么认真。你可以帮他们擦窗户、拖地板、扔垃圾，用这些劳动换来自信和在紧急情况下保护自己的无价知识。这是不对等的交换，而占便宜一方的是你。

试试把自己想象成遭遇过暴力或虐待的人。我很肯定，你认识的人中有。这个问题在全世界范围内影响着很多人——包括男性和女性！想一想他们的经历，想一想事后的影响。把自己想象成受害者，然后回答这个问题：如果这些人能够回到过去，你觉得他们会尽全力做好准备，保护自己吗？答案当然是：是！我知道并不是所有暴力行为都能被一记猛拳或砸在太阳穴上的一击所阻止，但只要有一线机会，你不觉得你受害的朋友会心甘情愿地帮空手道班倒垃圾来学习防身技巧，以避免自己陷身于完全无力的处境吗？我拿我的长尾小鹦鹉做赌注，他们一定会的。

我来换个方式问同一个问题。如果你知道，你在将来某个时刻会需要自卫，你知道这种事一定会发生，那么你会尽自己所能做好准备吗？而现实中，我们不能预知未来，能做的就只有做好最坏的打算，期待最好的结果。空手道课绝对值得上，你花的每一分钱、用的每一分钟时间都是值得的，因为你值得被保护。

—方法16—
女孩，请做好自我防卫

• 很多人认为，自我防卫就是踢罪犯的裆部，或是扎他们的眼睛。但自我防卫其实是做一切可能的防备，避免被人威胁、被人袭击的情况发生。

• 自我防卫应该是用智慧，而不是用拳头。

• 大部分犯罪者其实是你认识的人！陌生人从阴影中蹦出来袭击你的几率很小。数据显示，女性遭受强奸的案件中，82%都是熟人作案。这点要牢记。

• 相信你的直觉，放聪明点！尽量不要晚上独自去那些可能威胁你人身安全的地方。如果你的蜘蛛侠第六感开始响铃，觉得有什么不对，那就听从你的直觉，离开那个地方！

• 如果你被抢劫，劫匪要你的包，那就给他！你的安全比钱包里的任何东西都重要。再次强调，最好避免冲突。你不能确定他有没有枪，是不是嗑药了。只要不是无可避免，那就不要冒这个险！

• 保持冷静，记得要呼吸。一旦你陷入可怕的情境，你的身体就会立即开始向整个神经系统传送肾上腺素。这个时候，你需要有意识地告诉自己冷静、深呼吸，这样才能以清醒的头脑思考。

• 记得时刻跟家人、朋友保持联系，让他们知道你在哪里。

• 尖叫！像一个发脾气的两岁小孩那样歇斯底里地大叫，制造大量噪音，攻击者可能就会考虑放弃他的计划。喊“警察！”“走开！”“着火了！”“别这样！”之类的话。

• 简单的暴力通常不是聪明的选择。要出其不意！换句话说，想各种办法伤到他！狠狠踢裆部，抠他的眼睛，咬他的胳膊，狠劲踩他的脚，打断他的鼻子，踹他的膝盖，戳他的喉咙，像野老虎一样狠狠抓，掐他的大腿内侧（那个地方很敏感）！用一切必要的手段来救自己的命！需要保护自己的时候，把一切“淑女”的想法都抛之脑后。

• 你的手肘是你身上最强的部位。如果站得足够近，那就好好利用它。如果你被推到地上，就狠狠踢双腿，把攻击者踢开。

• “不”是一个完整的句子。当一个人让你感到不适，你总是有权利对他说“不”。

• 做好保护措施：锁好车门，锁好家里的大门，不要给陌生人电话号码，不要跟聊天室认识的陌生人见面。《电子情书》只是电影，不是现实。

• 如果你还未满16周岁，买一个哨子，随身带着。过了16岁，就跟父母谈谈，买个辣椒喷雾。（我的钥匙环上总是挂着一个可爱的粉色辣椒喷雾。）要携带辣椒喷雾，必须得满16周岁，还得有父母的许可。如果你已满18周岁，你就可以考虑电击枪。随身带电击枪可能听起来很恐怖，但这也有可能救你的命。所有的自卫工具都是如此，一定要接受训练，了解如何正确地携带和使用这些工具。跟父母谈谈他们对自卫武器的看法，也要有自己的想法。

• 跟父母和朋友商量一条暗语。如果你打电话或发短信说这句暗语，他们就知道你需要帮助。暗语可以是“炸肉排加面条”，意思是“妈，快来接我离开这个愚蠢的派对”。

• 学会自卫的技巧，包括如何在被抓住手腕时、被扼住喉咙时、被（从背后）熊抱时、被按在地板上时逃脱。我无法向你一一解释如何挣脱这类束缚，你必须亲眼看。你可以在网上搜搜女性防身教学视频，要为自己着想。

再次强调，我建议你去网上搜索“女性防身”视频。网上有很多特别棒的视频，可以学到许多有用的知识。甚至还有讲如何对付持枪持刀歹徒的视频。这些视频能带给你不寻常的力量！

我的冒险故事

——远离总伤害你的朋友

在这件事中，我同样希望我那时能懂一些自卫技巧。高一那年夏天，我跟同校的许多同学一起参加了一个为期一周的夏令营。那可是个盛会啊！那一周快结束时，我跟其他孩子一起围坐成圈，做游戏，可突然间，我感到一个人强壮的二头肌紧紧地钳住了我的脖子。我的“朋友”——咱们就叫他“莫”吧——觉得掐住我的喉咙很好玩。

我不知道是不是因为我比较有才，比较有创意，我能想出很多好玩的事，掐朋友的脖子却算不上。不过这只是我个人的看法……有时候你真的必须问自己，这个人是我想交的“朋友”吗？也许我该交些少点肌肉、多点脑子的朋友。

总之，他真的掐得我窒息了。我使劲拽他的胳膊，双手打他，我甚至试着往后靠，把他压倒。我无法呼吸，都开始满眼冒金星了，然后……我双眼一黑晕了过去！我醒来时躺在地上，一群孩子盯着我看，一个夏令营队长冲着我喊，要我醒来。这件事引起了很大骚动。

当我终于清醒过来时，我去找莫。我看到他在营地另一处，跟一群男孩有说有笑。我走过去，狠狠捶了他的胳膊一拳。“搞什么鬼啊，莫？你那是干嘛？”我冲他吼道，还要努力忍住眼泪。

“冷静点，杰茜，我只是玩玩。别那么正经！”

我惊讶地瞪着他：别那么正经？开什么玩笑？

他很可能严重伤到我，但对他来说，那没什么大不了的。我去找夏令营队长，告诉他这件事把我吓坏了，以保证莫得到应得的处罚。莫被送回了家。从那之后，我们没再一起玩过。恶性事件发生时，打报告是没有错的，姑娘们。报告危险行为和背后打小报告是两回事。你的生活中出现问题时，必须跟一个可以信任的人谈谈。你总是有可信任的人能帮到你的！

跟莫这样的“朋友”保持距离也没什么错。你知道我说的是谁。那种让你觉得自己很糟糕的“朋友”或者那种吓到你的“朋友”。你可以保持善良、圆滑，但你并不需要总跟伤害你的朋友相处——不管他们带来的伤害是情感上的，还是身体上的。

现在，我可以很高兴地说，我知道被人扼住喉咙时怎样才能挣脱了，多亏了空手道——这是很有用的。

为了生命学习空手道，救自己一命（不是夸张）

习惯性否定者可能会告诉你，即使你花很多时间学习防身技巧，遇到需要自卫的事时，你还是不会使用这些技巧。他们可能会告诉你，在那一刻，你心跳加速，没法清醒地思考，就想不起受过的防身训练。但事实绝非如此！

苏·沃顿是个伟大的女人，她花费很多精力，在年纪蛮大的时候考到了黑带。她说：

对一项技巧进行反复训练时，必要的肌肉运动就会被设定好，新的神经元、神经突触会出现，以专门控制这些运动，脑海中也会印下记忆的地图，于是大脑受到相应刺激时，这些动作就能够快速准确地被调动出来。例如，当你意识到有拳头冲你的头部砸来时（刺激），你自己还没反应过来，就已经下意识地避闪开来，把拳头挡回去了。你根本就没有思考，一切好像都是自动发生的！好吧，也许确实是自动的，因为这项技巧你已经反复练习了无数遍。你的大脑只是执行了提前设定好的程序。

当你在现实中遇到危险时，肾上腺素飙升，心脏在狂跳，你完全不知所措，可你若受过自我防卫的训练，能够保护自己的几率就会高得多。再说了，如我之前所说，防身技巧给你带来的自信气质就能帮你减少被攻击的几率。

来自俄勒冈大学的莉莎·罗利这样说：

自我防卫的赋权哲学认为，即使当前的情况不需要肢体上的防卫技巧——当女性面对目前并不危险，却令人厌烦、或是骚扰性的行为时——她们也可以学着划清界限。

如果有男生以任何方式嘲弄、骚扰你，即使情况还没有严重到需要动手，你也一定要有自信说："停下！不要碰我！"我们就是这样划清界限的，拥有强大的自信肌肉，用强有力的话语为自己发言，你可以告诉所有人，你是珍视自己的。

— 方法 17 —
划清身体上的界限

界限是什么?

界限是你为自己和他人设定的限制，可以是感情上的、身体上的，也可以是心灵上的、精神上的。界限是沙地上的一条线，你画这条线，是因为你认定，这是你舒适度的底线。这条线没有人可以逾越。界限应该非常明确，当有人跨越时，你应该不用反复考虑就能做出判断。下面是几个例子：

私人空间界限：如果有人在你给朋友发短信的时候从你身后偷窥，你应该转过身去，用怀疑的眼神看着他/她。这种简单的动作就足以让那人知趣，主动给你留下足够的私人空间了。

拥抱界限：侧身拥抱是可以的，但正面贴正面的拥抱不可以。

玩笑界限：如果你身边有这样一个人，总是说些粗鲁、烦人的话，随后再说一句“开玩笑的”，你可以告诉他/她，你不喜欢这样。

懂了吧？

笔记时间

花一分钟时间来写下你自己的界限。请准备好笔。

你的界限是？

大胆说

如果有人快要逾越你的界限，明确地表达你的感受。如果有人拥抱你时太用力，或是戳到了你，或是用不合礼仪的眼神看你，只要对方的举止让你感到不舒服，你就应该坚定而冷静地说：“我不喜欢这样。”解释你的感觉时，要用“我”做主语。首先，你永远不需要解释原因，但如果情况允许，可以告诉他们，你为什么会有那样的感受。“你那样做让我不舒服。”这句话谁也无法反驳，因为那是你的感觉。

说“不！”，我知道我已经谈过这个了，但我要继续说下去。你可以好声好气地说，带着感情说，但当界限被打破时，一定要坚定地表达你的感受。

笔记时间

写下一些表明自己感受的短句子，对着镜子练习，这样，当有人逾越界限时，你不需要思考就可以说出来。

自我防卫训练的益处

学习自我防卫，甚至试着去考一种武术的黑带，有以下益处：

- 如果陷入暴力情况，你会知道如何保护自己的身体。
- 你会知道自己拥有这些重要的知识，会感到有力量、有自信。
- 所有人都会觉得你特别酷，因为他们知道，你有能力把他们揍惨。
- 你的家人和朋友会尊重你。
- 你会尊重你自己。
- 你会更加自律。
- 你会学到职业道德。
- 你的气质会让你不容易成为捕猎者的目标。（再次强调，这是事实，捕猎者通常攻击看起来柔弱、胆怯的女孩，那些他们认为不会反击的女孩。）
- 你会更有自控力。控制你的力量在空手道中是至关重要的。
- 你会给身边的女孩们树立无价的榜样。
- 你会成为一个领导者。

有一项重要数据可以支撑我对自我防卫的“信仰”，这项数据来自美国司法部和疾病控制预防中心的研究。研究显示，6个女性中就有一个遭受过侵害，袭击事件中的52%都发生在她们年满18岁之前。

这些数据很可怕，它们会逼你去想，你如果陷入这种情况，需要抗争，代价可能是自己的性命，你会怎么做。

请记住，你值得被保护！

挑战

请选择重视自己的安全，试试自我防卫课，对自我防卫技巧要有自己的看法……我用我的木薯淀粉布丁做赌注，赌你只要打一下子沙袋，都会觉得自己充满了力量！试一节课吧。试一节也许还是免费的呢——打电话的时候问一问……一切都取决于你的选择。

写下你的经历：

THE LOST ART OF LADYHOOD

SKILL 8

要有自尊

自尊是所有美德之基石。

|约翰·赫歇尔|

我被问到过的最搞笑的问题是："你的两条腿不一样长吗？"真事。很显然，我走起路来就像小蒂姆（Tiny Tim，美国音乐家，因出道时在以矮个音乐家为特色的俱乐部表演而得名）和泰拉·班克斯（Tyra Banks，美国名模，个子高挑）搭伴跳派对方格舞。

为什么会有人说出那样的话，我实在无法理解，虽然我自己也做过类似的事，我曾经问一个女人她的宝宝何时出生，结果却惊恐地发现人家根本没怀孕。所以我没资格在这件事上说话。

一辈子的法则：永远，永远不要在任何情况下问一个女人她是不是怀孕了——就算她看起来像是肚子里装着海格，外加韦斯莱家的所有孩子……也不要问！（海格，《哈利·波特》系列中的霍格沃兹的钥匙管理员，是半巨人；韦斯莱家有7个孩子。）

我要说的是什么呢？让所有人开心是不可能的。不管你花多久的时间研究最新潮、最美的妆容，昂贵的牛仔裤、发胶、卷发棒，在我这件事上，还可能是想办法换一条新的腿，总还会有人不认同你的外表、你的风格，或者就是对你这个人有意见。所以，忘掉他们吧！跟自己说：“并不是所有人都得喜欢我。并不是所有人都得喜欢我。并不是所有人都得喜欢我。并不是所有人都得喜欢我……”这是你新的人生格言。

尊重自己，把自己收拾好，仅仅是说，我们要干净，衣服要整洁，有序，我们要花些心思整理头发，化妆。你如果在想，这对你意味着什么，看看下面这个例子，你就知道它为何重要了。

两个女孩去参加工作面试。第一个，我们就叫她罗茜吧，非常干净利落。她化着简单却可爱的妆。她的头发洗干净了，用卷发棒卷过，衣服干净，熨烫整洁。她身上的味道也非常好闻。她在面试中表现非常好，因为她完全有能力胜任，而且很聪明。

第二个女孩，咱们就叫她卡洛塔吧，从床上爬起来，慌慌张张穿上一条运动裤，踩上旧运动鞋，头发扎成马尾，没有化妆，闻起来就像……刚刚从床上爬起来。她去进行了工作面试，表现也非常好，因为她也完全有能力胜任，而且很聪明。

哪个女孩会得到这份工作呢？

我知道这听起来似乎很肤浅，但当然了，得到工作的是那个干净利落的女孩。你知道为什么吗？因为她让上司看到，她尊重自己。而她尊重自己的事实也在告诉上司，她会尊重他，也会尊重公司。梳洗打扮和卫生习惯并不是为了美，而是为了体现尊重。

自尊

注意到了吗？这一章叫“自尊”，而不是“美”。

自尊意味着，你要拿出自己最得体的举止。同时，自尊也是自信的一大源泉，而自信是成为一个淑女的重要条件。

我的目标是让你们明白，在他人对你的看法这个问题上，你是有很大支配权的。如果你想要那份工作，就尊重自己，让自己仪容整洁地参加面试。如果你想让你的老师尊重你，就让他们看到你对自己的尊重，上课前休息好、梳洗干净、做好学习的准备。如果你想让那个男孩注意到你，就花点时间把头发梳整齐，除掉不好闻的气味。

我们的衣着、举止都是一种沟通，是非语言沟通的一部分。你的非语言沟通在向别人传达着什么信息呢？你能光靠第一印象就让别人感受到你的自尊自重吗？还是说，你需要做点什么才能传达这一信息呢？

—方法18—
注意个人卫生，举止得体

- 你每天都洗澡吗?

  是　　　　　　否　　　　　　偶尔

- 你洗澡的时候给脚趾之间、肚脐、私处、耳后、腋下、脚底打香皂吗?

  是　　　　　　否　　　　　　偶尔

- 你每天早上都涂腋下除臭剂吗?

  是　　　　　　否　　　　　　偶尔

- 你每天都清理耳朵吗?

  是　　　　　　否　　　　　　偶尔

- 你睡前洗脸吗?

  是　　　　　　否　　　　　　偶尔

- 你去过洗手间之后洗手吗?

  是　　　　　　否　　　　　　偶尔

- 你修眉毛吗?

  是　　　　　　否　　　　　　偶尔

- 你每天早晚都刷牙吗？

是　　否　　偶尔

- 你每天都剔牙吗？

是　　否　　偶尔

- 你剪手指甲、脚趾甲吗？

是　　否　　偶尔

- 你每晚都睡8小时吗？

是　　否　　偶尔

我的冒险故事

——注意个人仪容，就是对自己的尊重

棉签是什么东西？

我小时候可是一场灾难。（我的父母都有全职工作，离婚之后，他们都开启了生存模式。他们都无法以最好的状态解决问题。我一定要提这一点，是因为我不想你对他们有看法。我很爱我的父母，我知道他们已经尽力做到最好了。）没人教过我剪指甲、清理耳朵有多重要。

说起来很尴尬，但我在结婚以前，都没有定期用棉签清理耳朵的习惯。我看到我丈夫每天都用棉签，就想：哇哦，我也应该用用。

我丈夫的卫生习惯无懈可击——这点我特别爱！他身上的

气味总是很好闻，形象总是精神整洁，这是很迷人的。

不够优雅？

好了，我们来回顾一下我14岁时改变人生的一刻。我跟我的歌唱经纪人在同一辆车里。她正试图跟州集会表演的总导演商量让我夏天在他们的舞台上表演。我真的很想拿下那场演出，因为那个是有报酬的，而且他们还会给我免费的烤软饼吃。

我坐在副驾驶位子上，听着我的经纪人打电话，清楚地听到电话那头的女人说："我以前看过杰茜的表演，她不够优雅。"

我没能拿下那场演出。我很受挫。我根本不知道自己算不上"优雅"的歌手。好在，我现在知道了！打那以后，我更加努力地打磨自己的表演技巧，更努力地在表演前做百分之百的准备，百分之百地精神、整洁。

我的努力得到了回报。第二年夏天，我在州集会的两场演出中都担纲主要歌手。

听了这个故事，你应该能明白我在少女时有多糟糕了。因此，我有资格做这一特殊的工作，教你们这些东西，因为你知道，我并不是带着批判的眼光教你们。我很明白，当你意识到自己在礼节方面还需要学习时，感觉有多难堪。

有时候真相会伤人，但我们能选择让它在伤害我们的同时教育我们。我很感激我的这次经历，当我不够努力、不够优雅时，我的脑海中会响起这个女人的声音，它激励我更加努力，做最好的自己。我保证，这一课对我们来说都很重要。在生活中把自己打理整洁，表现出对自己的尊重，绝对是有益无害的。

健康中心这样说：

保持卫生是健康的重要保障。比如说，在进食前和如厕后洗手是很简单的举动，却能有效抵御病毒、预防疾病。干净、衣着整洁，对年轻人来说也是自信的一大来源。如果你的孩子体味、呼吸气味不错，他的衣服是干净的，他的个人卫生情况很好，这能帮他更好地融入他人。

告诉我，你对这个故事是否有同感：这是上学的第一天。你花了一个小时准备。你提前一周就选好了衣服，已经准备好给所有人一个惊艳的第一印象了。前半天你都毫无压力地度过了，然后你一直恐惧的噩梦成真了。你坐下来吃午餐，而你的朋友不小心把整个餐盘里的食物都倒在了你奶油色的吊带裙上。汉堡里的番茄酱、健怡可乐、沙拉里的田园酱……全洒在了你可爱的裙子上。我才不会告诉你这是我的亲身经历。

出现紧急情况时你会怎么做？即使不是如此夸张的紧急情况也会需要你提前做准备。

你着急出门去上学，忘记涂腋下除臭剂了……如果你的车里还有一个备用的，会不会很好呢？你的刘海总是挡眼睛，让你抓狂……如果你的背包里有一瓶旅行装发胶，会不会很好呢？上英语课时，你衬衫上的扣子掉了，你的内衣露了出来……如果你的置物箱中有一套迷你针线，会不会很好呢？（当然，前提是你会缝扣子。）

或者，你的男朋友上数学课时送花给你惊喜，把你感动哭了怎么办？你可爱的脸上满是睫毛膏，你得补补妆。身上带着简单的化妆品能拯救你。

懂我的意思了吧？我敢肯定你遇到过类似的情况，我也一样。花点时间去一元店，充实一下你的个人卫生急救包，它在需要梳洗时会成为你的救命法宝。

卫生急救包

我推荐随时在你车里放一个卫生急救包——如果你还没有车，就放在你家的车里，或是你的背包里。

必需品：

- 腋下除臭剂（放在车里不怕化的那种。）
- 棉签
- 发胶
- 梳子或头刷
- 基础化妆品：睫毛膏、口红、遮瑕膏、散粉（没人喜欢油鼻子。）

• 一小喷雾瓶的水，以防衣服打褶（最傻瓜的平整衣服方法。穿着衣服往上面喷一点水，然后抹平整。几分钟后就干了，褶皱也不见了！）

• 香水或身体喷雾（一元店的身体喷雾最好了！很小、很便宜，味道非常好。）

• 一瓶透明指甲油（不仅能让你的指甲变漂亮，还能止住丝袜上的脱丝。）

• 旅行装针线包（衣服上的扣子掉了时能用到。）

• 随身装洗衣液或去污笔……当意面酱遇到你白色的连衣裙

• 一身换洗衣服（永远不知道什么时候能派上用场！）

• 创可贴

• 扑热息痛，以防烦人的头痛

• 卫生棉条和卫生巾

• 手持镜子

现在你已经对不期而遇的灾难有所准备了，你有没有觉得自信了很多呢？有吧？很好……我的工作做到位了。

在怎样照顾好自己这个问题上，我们每个人都有不同的想法。考虑考虑以下几个整洁等级，想一想你认为哪一个更适合你。

卫生整洁等级

第一等级：基础

- 每天淋浴
- 用棉签清理耳朵（只清理耳廓，姑娘们——不要捅自己的耳道。）
- 剪好手指甲、脚趾甲，不要留豁口或肉刺
- 每天早上涂腋下除臭剂
- 如厕后和吃饭前洗手
- 每天早晚洗脸，洗脸后涂上温和的保湿乳液
- 用防晒霜保护你美丽的肌肤
- 每天睡够8小时

第二等级：宠爱自己

- 洗完脸后，用眼部乳液涂眼周，用另一种乳液涂脸上其他部分。眼周的肌肤是非常稚嫩的，需要特别关照。你现在好好照顾自己的皮肤，年龄大些时就会更加幸福。
- 洗澡之后，用乳液涂满全身。你的皮肤是全身最大的器官，需要更多水分。一定要在脚跟、膝盖、手肘和脖子处多涂。
- 有机椰油是很好的发膜。我建议你每周做一次深度头发护理。在洗澡之前敷上一小时左右，然后洗掉，像平常一样用香波和护发素。
- 买一款好用的免洗护发素。你的头发会感谢你额外的爱的！
- 把你的指甲打磨整齐，然后再涂一层透明指甲油，防护指

甲，还能给它们增添一层美丽的闪光。

• 每天淋浴时用丝瓜瓤去身上的死皮。你的肌肤喜欢脱掉只是粘在上面的死皮……帮帮它吧！

• 每周用脸部海绵给脸去角质一到两次。不要太用力，但是认真地搓一搓，除去死掉的皮肤细胞。你的皮肤会更新一层，让你如天使般容光焕发。

第三等级：做非常女孩的女孩

掌握好第一等级和第二等级的卫生习惯后，你就可以进入这一等级了，但一定要记住，这只是为了好玩。

我认识的很多少女都不想化妆，不想编辫子。我对这些女孩说："继续坚持吧！"我很推崇自然美。

在你人生的这一阶段，你完全可以把化妆当作玩具来看。它是好玩的东西，没了它你也不会活不下去。如果你喜欢化妆，每天都化，那也没关系——只要你不把它当作自己价值的基础，只要你明白，你不化妆也很美！

跟我一起说："我很美……化不化妆都美！"

下面是一些能帮你应付特殊场合，或是享受打扮自己的建议：

• 做有创意、独一无二、有意思的发型。

• 学会化妆，尝试不同颜色的眼影和口红。

• 用各种时髦颜色的指甲油，试试不同的设计和小装饰，表达你自己。

- 网上有很多这种教程——发型、化妆，各种女生的事。

好好打量一下你自己的形象。你的形象能精确地表达你的自我吗？人们第一次见到你的时候能看到真实的你吗？你想让人们看到你强大、自信、有能力，有气场的样子吗？事实是，我们要想给别人这样的第一印象，就得照这个标准来穿衣打扮。

好好考虑一下，想想你对自尊这个话题的看法。根据你的看法做出改变。如果你觉得这件事并不那么重要……你可能会在几年后改变看法。相信我。从现在开始只会让你赢在起跑线上。

尊重你的物品

最后我想很快地谈一件小事。自尊还有一个方面，是我们对待自己东西的方式。有人曾告诉我，你对待自己东西的方式，就是你对待你最爱的人的方式。我觉得这句话很对。

想一想。如果你花时间把衣服叠好，用吸尘器清理地毯，把梳妆台上的灰尘弹掉，整理你的首饰，这种对东西的关照能教你如何为人际关系付出。我的房间就像被伏地魔袭击之后的霍格沃兹魔法学校，你可能跟我一样吧。

如果你的房间很乱，问问自己这个问题：“我有没有用自己对待房间的态度对待我最爱的人呢？”对自己诚实些。

如果答案是“不”，你觉得你是以爱和尊重对待你爱的人，那很好！击个掌，送你两颗金星。

如果答案是“是”，你就承认你不够尊重对你重要的人，正如你不够尊重你的东西，马上去弥补。

照顾好自己的房间能教会你遵循规则，能帮你巩固人际关系的规则。我保证。打扫快乐。

挑战

提升你的个人卫生等级。衡量你的自尊水平，然后再上一层楼。现在就学会、运用好自尊习惯，能在未来的很多年中帮到你和你身边的人！……一切取决于我们的选择。

写下你的经历：

挑战

写下你的经历：

THE LOST ART OF LADYHOOD

SKILL 9
珍视健康

在我看来，健身不在于伸展一下筋骨，
做个俯卧撑，而在于夺回你的力量。

|吉莉安·麦克|

没有健康，你就一无所有。这句话你应该听过几万遍了，事实确实如此。如果你经历过健康危机，你就会明白。如果你看到身边的人经历过健康危机……你就会明白。健康是幸福生活的一个重要因素，也是你可以选择珍惜的东西。

照顾好你的身体。对自己温柔一些。对自己好一些。把你的身体当作一个独立的人来对待。“你”是你的思想、个性、灵魂。你的身体则是你居住的小窝。这样想能让你更加珍惜自己的健康。

咱们来想一想你的身体能做些什么美妙的事情吧。

- 你能弯曲你的手指、膝盖、手肘吗？你的所有关节都功能健全吗？
- 你能看到日落吗？
- 你的耳垂对称吗？
- 你如果割破了手指，它会愈合吗？
- 你走路的时候疼吗，还是说你基本没怎么经历过疼痛呢？
- 你能闻到那香喷喷的酥炸墨西哥卷吗？
- 你能心算出2+2得几吗？能的话，你的脑子应该管用吧？

- 你能听到电台放的你最喜欢的歌吗?
- 你能感受到冷热吗?
- 你能尝到你妈妈做的美味的萝卜汤吗?

如果以上问题中有两个你回答了“是”，那你的身体就值得你感恩。感激你的身体能做的一切伟大的事。不要只看到它不能做的事。

我们已经讲明白了，你拥有非常棒、非常美的身体，下面接着谈一些你能用到的照顾身体的方法。

锻炼与营养

是啊，你知道我会说这个的。这个话题是绕不开的。要过上健康的生活，有些苦是必须要吃的。锻炼和健康饮食是没得选的。

我关心这个话题，是因为我在年轻时饱受生活压力的折磨，非常草率地决定不去尊重自己的健康。我选择用过度节食的方式对待我的安全感问题。我选择伤害自己的身体和歌喉，因为我不够珍惜我自己的健康。想到我做出的那些选择，我就很伤心，所以我现在每天都努力补偿，好好对待自己的皮肤、眼睛、头发、脚趾，还有心。我很感激我的身体对我的好，如今，我选择珍惜它。想一想你的身体为你所做的事，往好的方面看。我向你保证，如果你有意识地往好的方向看，你想到自己的身体时，就会幸福许多。

锻炼的身心益处

你要明白，锻炼的好处不止对你的身体有好处。心理方面，你也能得到意外的收获！美国运动医学院的艾莉森·威廉姆斯博士告诉我们："普查显示，体育锻炼会给年轻人带来多种心理上的积极影响，对抑郁情况的帮助尤其明显。2006年进行的一项调查显示，更多参与体育活动、进行体育锻炼，可能有助于降低抑郁的发病率，锻炼也会激发人的自我认知。这对年轻女孩来说尤其重要。"

我心情很差的时候，只想躺在床上，端着一大盘芝士通心粉，看《哈利·波特》，这时我就会试图给自己定一些小任务。我不去做全套健身，而是做更易完成，运动量也不太大的小锻炼。比如在街区里走一圈，做100个开合跳，深呼吸10次，在跑步机上走15分钟……在"那几天"，不要一口吃掉一个墨西哥卷，像小口吃饭一样做小幅度的锻炼。很奇妙的事情可能会发生呢！当我完成了我的迷你锻炼时，我会感觉好很多。我的精力会更加充沛，准备好了征服这一天。我亲身经历过锻炼与我们精神状态的关系——这是真的。

好了，下面我们就谈点有用的，我们如何能做到健康又快乐。

—方法19—

爱上你的身体

你最喜欢的锻炼方式是什么呢？如果你制订的锻炼计划中有你爱的运动，你就更可能坚持下去。

你喜不喜欢以下运动：

- 跑步
- 徒步
- 游泳
- 蹬自行车
- 蹦跳跳鼠（说真的，这是很好的锻炼方式！）
- 举重
- 瑜伽
- 团队运动
- 跳舞

想让你的心砰砰跳起来，给你的身体一把推力，让自己保持强壮吗？以上这些都是可选的好方式。

笔记时间

拿出你那支笑脸图案的铅笔吧。

你最喜欢的运动方式是什么呢？

科学研究发掘出一系列关于锻炼的趣事。我特别爱读小趣事！读读这些：

- 每天锻炼15分钟的人死亡率比根本不锻炼的人要低14%。
- 有规律地食用黑巧克力可以帮助锻炼者提高他们的锻炼表现，多至50%。
- 有规律的有氧运动可以帮助抑郁症患者减轻抑郁的症状，多至47%。
- 锻炼时听音乐可以帮锻炼者提高锻炼表现，多至15%。
- 经常游泳者的死亡率比跑步锻炼者、走路锻炼者，以及不锻炼者要低50%。
- 锻炼的青少年比不锻炼的青少年患脑肿瘤的几率要低36%。

我绝对不会鼓吹自己是什么健康专家，但是就我自己的经验而言，我想告诉你们，我对锻炼的热爱是学来的。

我的冒险故事

——锻炼能帮你快乐起来

我从前特别讨厌跑步。大学时，在健身课上要跑一英里时，无聊和灼烧的肺就会让我差点死掉。但是之后我明白了跑步对你的肺有多大的益处，而我又是个歌手，于是我开始感兴趣了。

开始时，我就每天跑10分钟，真的是只绕着自己那条街跑。那时跑步的每一秒钟我都恨，但我逼着自己继续，每周增加一分钟或两分钟的时间。

大概花了3个月的时间，我终于开始每天跑3英里了——就这样，我人生中最出乎预料的事发生了——我开始每天早上换跑鞋时就激动。听起来可能有些奇怪，但跑步带来的内啡肽都是实实在在的，可以说非常有用！

锻炼能帮你快乐起来——这是我的亲身体验。没错，你可能需要逼自己开始，但我向你保证，你会找到那种感觉的，而它会让你愉快到你每天都想锻炼。开始是最难的过程。不管你是以你爱的运动开始，还是以你讨厌的运动开始，只要去做就好！即使每天只有10分钟，让你的心跳起来，也比一分钟都没有要强！

关于健身的传言

现在你已经有了动力准备好提高你的健康水准了，我要确定一下，你并不相信你听说过的所有关于健身的传言。下面是从网上的内容改编的一些健身传言，我们先把这些理清楚：

传言：女性不能练举重，那样会长太多肌肉。

真相：女性要长出很多肌肉，是要费很大劲儿的。我们的身体天生就不像男性那样容易长肌肉。运动专家相信，心血管锻炼和力量训练对保持健康的体重来说同样重要。女性不容易长肌肉，是我们的荷尔蒙分泌规律使然。我们有一种美妙的荷尔蒙，叫做雌性激素，它的存在让我们不会长太多肌肉。

力量训练能促进脂肪的消耗，增加紧实肌肉的比例，更能有效地燃烧卡路里。

传言：你的体重是最重要的指标。

真相：你可能比一个身材比你小一些，但并不健康的人重，却比他们健康。不要让体重秤决定你有多“健康”。

传言：锻炼时间长了，脂肪就会燃烧。

真相：锻炼时最重要的是总能量的消耗，或者说运动燃烧了多少卡路里。不管你是在走路、上下台阶，还是在跑步，运动的节奏越快，每分钟燃烧的卡路里就越多。如果你愿意进行高强度的锻炼，即使锻炼时间短一些，也比你在跑步机上匀速走一个小时效果要好。高强度，交叉进行的训练是很棒的，你可以在网上或是附近的健身房找找这种项目。核心思想是，进行更高强度的训练，中间短时间休息，或是转换速度，最终减少在健身房花的时间。

传言：锻炼后来一杯蛋白质奶昔是必要的。

真相：蛋白质奶昔、蛋白粉、蛋白棒在你亟需一些营养的时候是好东西，但它们是很低质量的食物。你不该用一根蛋白棒代替整顿饭。吃没有经过那么多加工的“真正的”食物要好得多。

传言：你可以锻炼某一部位，专门减那里的脂肪。

真相：不管你做了多少个开合跳，没有有氧运动，你一样练不出6块腹肌。你的小腹肌肉群上也有一层需要燃烧的脂肪。要做整体的锻炼。

传言：只要我锻炼了半小时，这一天吃什么都随便了。

真相：锻炼无法补偿不合理的饮食。一定要记得，把锻炼作为你日常生活中的一项重要活动，这对你的整体健康水平尤为重要。

我总结的更多传言与真相：

传言：运动是一种理想的减肥方法，保证能帮你减肥成功。

真相：合理饮食也是这场战斗的一部分——可能比运动还重要。

传言：如果你不做高强度运动，不经常运动，偶尔的少量运动就是浪费时间。

真相：怎样都比什么都不做要好。10个开合跳或是走路去邮箱取邮件也比不动强。起来动一动总是好的！你甚至可以一边看最喜欢的电视剧，一边运动，或是戴着耳机跳舞。

传言：像太极、瑜伽这种身心类型的锻炼方式在健康和健身方面的功效有待考察。

真相：实际上，认为这些运动有优势的研究正在持续增多。拿太极举个例子，研究表明，太极有助于缓解腰部疼痛和纤维肌痛。柔韧性、平衡性、协调性、站姿、力量、压力管理之类能力的提高只是身心锻炼益处的一部分而已。

传言：在家锻炼不错，但去健身房还是最好的锻炼方式。

真相：研究表明，有些人在家里进行健身项目会更轻松。虽然健身房里有流行的健身项目和先进的仪器，但能让你长期坚持的项目才是“最好的”。

有位健身专家这样说道，能让自己身材健美，并保持下来的人，都有3个共同点：他们在家里锻炼，他们每周称一次体重，他们吃健康的早餐。

最重要的是，要记住做点什么总比不动要强。锻炼不需要付出任何代价，你可以慢慢来，它也不一定是件无聊的事。你如果从自己已经喜欢的锻炼项目开始做，开始时每天只需做10分钟或15分钟，选择把心态摆正，就能成功。

相信自己，你能做到的！

营养
——饮食平衡，找到适合你的食物

对人如其食这个概念我很有同感。我不知道别人的感受，但我摄入了太多糖份或是吃多了薯条时，身体就会告诉我，我做的决定是错误的。我不是说，我反对糖和快餐，但我想让你有这个概念。你的身体是可以承受这些东西的，但要有量。

我个人在这个问题上的看法是这样的，你的饮食要平衡，只要你大部分时间吃的是健康的食物，周五晚上跟朋友一起去看场电影，稍稍放松一下当然是可以的。

寻找属于你自己的平衡。你最喜欢的蔬菜和水果是什么？你最喜欢的富含蛋白质的食物是什么？你是喜欢吃肉，还是煮鸡蛋？找到适合你的食物。

关于你进食的方式和吃的食物，你要有自己的观点。你现在觉得自己的健康状态怎么样？你想改变一些习惯吗？想健康是得吃点苦头，但结果是值得的。

开始健康的生活方式，第一步就是搞清楚食物常识。下面是关于食物的一些常识：

食物常识

• 你的大脑需要等胃发出饱了的信号，但是信号要20分钟以后才能传到。所以，吃饭时慢一些，就不容易吃撑了。

• 一罐12盎司的普通装可乐总共含39克的糖分，大概合9又三分之一茶匙的糖。（注：本章中所提到的计量单位：1茶匙≈4.93毫升；1杯≈240毫升；1磅≈29.57毫升。）

• 童年和青春期的健康饮食对良好的成长有重大意义，能预防糖尿病、蛀牙、铁缺乏，以及骨质疏松症等疾病。

• 青少年的建议日卡路里摄入量是2100卡，但是你的食谱很大程度上取决于你的活动量。以你的运动量为依据，你可以按照你的体重和生活方式决定自己的日摄入卡路里量应该是多少。

• 设计快餐产品的人是商人，不是营养学家。如果你把自己的营养需求交给他们负责，你的食谱里就会有过多的肉、脂肪和盐。而乳制品、全麸谷物、水果和蔬菜则会不足。

• 开始锻炼、转换食谱后12周，你的身体才会发生可见的变化。

• 研究表明，你早晨着急地出门之前吃点东西——不管是粥、荷包蛋，还是涂花生酱的吐司——能帮你提高注意力和能量值，还能让你一天的饮食都更加健康。

即使你并不饿，也要吃一顿量少、有营养的早餐。

- 10种健康、饱腹的零食：香蕉、煮鸡蛋、坚果（杏仁和开心果）、花生酱、燕麦粥、白干酪、原味希腊酸奶、葵花籽、苹果、西瓜，还有无添加的水果沙冰。

应该避开的原料

你知道你吃的食物里到底有什么吗？如果不知道，现在就该开始注意你吃的到底是什么了。咱们谈谈食物原料和标签吧。

你只要开始读食物标签，就会意识到，这些标签上的有些词看起来不对劲，你的祖母可不会用这样的东西做饭。很多人相信这些原料是对健康有害的。这些应该远离的原料是：

- 防腐剂
- 部分氢化油
- 硝酸钠
- 焦糖色
- 海狸香
- 食用色素
- 水解植物蛋白
- 高果糖玉米糖浆
- 味精
- 阿斯巴甜

- 溴酸钠
- 精炼植物油

要养成习惯看食物标签，避开这些食物。

我坚持做这几件简单的事后，它们对我的身体健康帮助很大。其他关注健身和营养的人也可能有别的想法，但这些就是能帮到我的方法。

你也有权决定什么适合你。

我喜欢的饮食习惯

• 我买了两个自带吸管的16盎司水瓶，每天早上醒来，我做的第一件事就是喝掉一整瓶纯净水。这能帮你在一晚甜甜的睡眠之后把水分补充回来，帮你的大脑准备好面对这一天。

• 因为我对碳水化合物上瘾（面包、意大利面、饼干、谷物），我并不拒绝这些美食——我只是划定界限。我可以吃吐司，但只吃一片。我可以吃芝士通心粉，但必须先吃一整份西兰花。我可以吃一碗谷物——但只能吃一碗，而且必须是“健康”的类型。

• 这点比较难做到，不过我尽力遵守，晚上7点之后不吃任何东西。

晚上睡觉前吃一碗谷物到底有什么好呢？我就是忍不住！可是我还是觉得不要太晚吃东西，身体会更舒服一些。

• 我尽量每一口食物都咀嚼20下。这能帮助我吃得慢一些，更好地消化这些美食。

• 我在包里、车里都放上健康的零食，在家里也摆在合适的位置。如果我吃点小零食，就不会在两顿饭之间太饿。杏仁、苹果干，还有草莓、小胡萝卜、小可爱橘、牛肉干，还有核桃都是我最喜欢的零食。

• 放假日！我每周有一天允许自己想吃什么就吃什么……当然，不能过分。这让我不再觉得自己是在沙漠里慢慢地、痛苦地死掉。我爱吃。这有什么好说的呢？每周有一天可以放松，在其他天里我就有了动力。

• 早晨来一杯奶昔，确保自己能得到一天中所需的维生素，我很惊讶地发现这样很顶饱。下面是几个很棒的奶昔配方：

防氧化奶昔（杰茜原创）：

• 两杯什锦浆果（9盎司）

• 一杯无糖石榴汁

• 一杯水

• 一杯冰

一起放进搅拌机里，享受吧。

30秒奶昔（还是杰茜原创）：

- 一个橘子
- 一把洗净的草莓
- 一把菠菜
- 一杯冰

把橘子切成两半，剥皮，扔进搅拌机。

加入草莓、菠菜叶。搅拌。美味奶昔出炉了！

香蕉燕麦蛋白奶昔

- 两勺有机蛋白粉（任何一家杂货店都有的——但要记得确定标签上写着100%有机。）
- 两茶匙碾制燕麦
- 两根香蕉
- 一杯杏仁奶或普通牛奶
- 二分之一杯冷水
- 一茶匙蜂蜜
- 四分之一茶匙肉桂
- 5个冰块

搅拌。非常美味。

在营养问题上，往正确方向迈一小步，就能让你在感觉上前进一大步——情绪上、精神上，还有身体上。这些都是有联系的。

我们就是自己身体的管家。这意味着我们要负起责任，照顾好自己的身体。我坚信，如果我们遵守原则，尽力照顾好身体，身体也会反过来照料我们。我要再说一遍，如果没有健康，你就一无所有。要感激你的身体，你那美妙的、天赐的、强壮的、美好的身体！

笔记时间

开始写吧。你把那支笑脸图案的铅笔放哪儿了？

你喜欢吃的健康食物有什么？

你今天能做到哪些对健康有益的事呢？

你有什么健康习惯应该改变呢？

挑战

试着给你的食谱做两个小改动，然后这周每天都进行一些运动——即使只是绕着街区走走路，不吃快餐，多吃蔬菜。选择掌控自己的健康……一切取决于我们的选择。

写下你的经历：

SKILL 10

掌握社交及用餐礼仪

礼仪和尊重如影随形。我相信，女孩只有学好礼仪，学会了尊重他人，才能学会自尊。

|约翰·罗斯蒙德|

好了，可别翻翻白眼就开始翻书，打算跳过这一章，千万别！我知道，礼仪这个词听起来太老派，太无聊，但你如果从没讨论过这个话题，我保证，它不是你想的那样。之后的几页里，我们不会谈什么小杯垫、双脚交叉坐。我只会用这一章7.5%的篇幅讲在高端餐厅如何使用叉子。而最重要的课程，是社交礼仪。

如果你在字典里查“礼仪”这个词，你会查到类似这样的解释：“关于恰当、礼貌举止的规范。”

我对礼仪的定义是，让你周围的人感到舒服。

让别人感到舒服是很有用的，值得学习。我相信你会打开这本书，是因为你想改善你的生活。关心身边的人，是一个能给你带来幸福和自信的简单方法。学会做一个优雅、有品味的淑女，不但能惠及你，还能惠及你身边的人。大家都喜欢身边有人真心在乎他们的感受。

我最初告诉家人说，我想教年轻女孩们用餐礼仪时，她们每个人都对这个想法嗤之以鼻，还头往后一仰，笑得停不下来！

如果你认识小时候的我，你也会觉得我来教授这项技巧是很荒谬的！我保证，我教礼仪并不是因为我是个多厉害的专家，或者说我是个多么有教养的优雅女人。我来教它，是因为我希望当年有人教过我，还因为必须有人来教你们！我青春期的那几年，家里有两个很男子汉的哥哥，还有一个轮着锤子，经常攀岩，善于探险的父亲，我很爱他们。我是个很率真随意的人。我无论是对自己，还是对他人，都没有像英国女王那样的礼仪要求：坐在桌前总要双脚交叉，每块肉都要一小口一小口地吃。那不现实。我知道饿得要死，却只有两分钟时间吃午餐是什么感觉，你只能从冰箱里拿出食物直接吞下去。相信我，我知道真实的生活是怎样的。

学习用餐礼仪其实只是为了对付非常正式的场合，当你坐在桌前，看着全套的餐具，却不知道该用哪个叉子时，它还是很实用的。如我所说，学习社交和用餐礼仪是为了让你周围的人感到舒服。要让你的朋友和家人在你身边感到放松、冷静。你自己也应该感到自信、放松。这就是12个淑女技巧的中心思想——自信。

接下来要讲的，是个很可怕的故事……

我的冒险故事
——请熟知得体的用餐礼仪

一天晚上，我跟丈夫出去约会，我们在一家很高级的餐厅吃饭，饭吃到一半，他鼓起勇气，对我说："杰茜，我不知道你想不想听这话，但如果换我的话，我会想听的。”他接着礼貌地指出，我嚼东西的时候总是张着嘴。我当时真是想挖个洞钻进去啊！我慎重考虑了以后是不是不该再跟他约会了，因为我觉得在这种情况下，面对他实在太尴尬了。

但是，我很高兴他有勇气告诉我，因为我之前是真没有意识到。我小时候参加选美比赛，做很多淑女的事情，可少女时期，我却不知怎地就慢慢忘记了注意礼仪举止，开始养成坏习惯。有时候我们需要身边的人有勇气来告诉我们一些事情，因为只有这样，我们才能进步。

要以辩证的态度接受这些建议，但也要保持豁达，因为我们能从他人身上学到很多。要是你的拉链没拉上，或是牙上粘着食物，你难道不想别人告诉你吗？我知道我是想的！不要允许你的自尊和自我挡路，将改善你生活的机会拒之门外。有时候，真相伤人，良药苦口，但它们却正是我们所需要的。

心理学家约翰·罗斯蒙德为我要说的话做了完美的总结：“礼仪和尊重如影随形。我相信，女孩只有学好礼仪，学会了尊重他人，才能学会自尊。”

用餐礼仪

既然我们人类必须每天都吃东西，那我们不如把这件事做得更出色！用餐礼仪课开始啦！

我之前说过，正式的用餐礼仪只适用于在高档餐厅就餐的情况。也许你是进行工作面试，也许你是跟一个很帅的男生约会，也许你是跟这个男生的父母用餐！不管是哪种情况，你都希望自己有足够的情商，可以打开“礼貌”的按钮，拿出自己最好的表现。这时自信就有用了。

用餐礼仪要求我们以足够的自信展示优雅的姿态，同时，熟知得体的做法也会赋予我们自信。

—方法20—

用餐时，以足够的自信展示优雅的姿态

1. 不确定时，从外围餐具开始用。用最靠外的叉子吃沙拉或前菜，最靠外的勺子喝第一道汤，靠里的叉子或勺子留到主菜用。

2. 吃饭的时候把餐巾放在腿上，如果要离席，就放在餐桌上，永远不要把餐巾放在椅子上。

3. 用共用餐刀切下黄油放在自己的盘子上，然后再用自己的餐刀往面包上抹。

4. 甜点餐具永远都在盘子上面。

5. 慢一点，小口小口地吃，享用你的食物，也帮助身体更好地消化。

6. 等桌上所有人的食物都到了再开始吃。

7. 即使别人只是请你帮忙递盐或胡椒中的一个，也要把两个都递过去。

8. 不要将手伸过你面前餐布的边缘。如果你需要什么东西，请别人给你递过来。

9. 不要在席上擤鼻涕、张着嘴嚼食物、挠痒痒，或是补妆。

10. 不要用布餐巾擦脸、擦鼻子，布餐巾只能用来擦嘴或在嚼食物时遮挡。

相信，良好的用餐礼仪不仅会让你得到领导和同事的赞许，还会让你的朋友们、你的约会对象，你身边的所有人佩服！领导者都懂礼仪。

好了，下面开始讲社交礼仪

在讲社交场合中什么该做，什么不该做之前，我想提一提社交礼仪中我最在意的方面——着装。让我来讲讲为什么……

我的冒险故事

——衣着保守，反而更性感

我上高一的时候，我哥哥上高三，那时，他经常带我跟他的高年级朋友们一起玩。

有一天，我跟他的一个朋友一起吃午饭，我穿着一条漂亮的短裙，那时我觉得裙子很可爱。我想调皮一下，就坐在了哥哥的腿上。我当时并没觉得那有什么，只是想表现得可爱一些，只是觉得好玩而已。但哥哥后来告诉我，我让他的朋友很不舒服。我自己根本没意识到这个问题，听他这么说，我羞愧极了！

这是很重要的一课，它教会了我衣着选择的力量，让我认识到我们女孩的着装能如何影响到男孩子——甚至所有人。

重要的补充：虽然礼仪是要让其他人在你身边感到舒服，我却绝不鼓励你把讨好他人作为衣着选择的唯一标准。你的衣着选择应该能反映出你美好的个人风格，以及你自己制定的衣着庄重界限。

你的衣柜里有什么？

我绝不会告诉你你该穿什么，不该穿什么。我没有那个资格。你的裙摆有多长是由你自己决定的，而且你应该为你的决定自豪。

不过我可以跟你分享一下我自己的衣着庄重标准。你完全有权表达不同意见。你要决定你自己的立场。杰茜的衣着庄重标准是：不能露乳沟，不能露肚脐，不能穿迷你裙。

这是我的个人观点，但我认为，穿得大方得体，只会让你更加迷人，更加优雅，甚至更加性感。没错，你没看错。当然了，性感并不是最重要的，但对性感的追求是女性的自然欲求，我们不需要把这种天性隐藏起来——只需要找到平衡点。

你对庄重的定义可能跟我的不同——可能更严格一些，也可能更宽松一些，这都没关系。我的目标只是帮你认真考虑你所做的选择，考虑你的决定是否能让周围的人感到舒适。再次强调，礼仪就是让你周围的人感到舒适。

很多明星喜欢穿着暴露，不留一点想象的空间，他们想吸引别人的注意力，他们的衣着就是在发出这样的信号。他们可能是对自己的价值不够自信，不相信别人会更注意他们身上其他重要的方面，比如智慧、奉献、雄心、灵魂、才华、个性。这个问题是没有定论的，不过你应该考虑一下，自己对媒体所宣扬的时髦、时尚、性感有何看法。我们更注意哪些自身的方面才对呢?

开始发展你自己关于穿着的看法，建立你自己的界限。

我丈夫经常告诉我，他觉得我穿衣保守时，反而更性感，因为他爱我的优雅。这话我很爱听。比起我的肌肤和肉体，他更珍视我的思想、我的内心、我的女性气质，还有我的优雅。更重要的是，我希望我的着装能让这个世界看到，我很自信，我明白自己的价值。我希望你也能做到，我希望我自己的女儿也能做到。

你的着装在释放着怎样的信号呢？你给别人的印象是有教养、成熟、高贵、优雅、自信，还是像那些名人一样，无声地大喊，需要注意力，没有安全感？我要说，不暴露的性感是完全可能的。性感和暴露有很大的区别。你完全可以在惊艳、可爱、时髦、有趣的同时做到优雅。

不过，优雅并不只是你的衣着和你用餐的方式，更是你的姿态和风度。你的姿态在暗示什么呢？下面我们来讲一些你应该注意的重要社交礼仪。

— 方法21 —

注意重要的社交礼仪

1. 不让朋友落单：邀请别人加入你的活动有多难？如果你跟朋友站成一个圈在聊天，有个人走了过来，那你就往后退一步，让圈子打开一个缺口，然后伸出胳膊揽住她，说："嘿！我们正在讨论Cheetos薯片有多好吃呢。跟我们一起聊聊呗！"不难吧？不要让任何人落单。做个领导者！

2. 八卦："如果你没什么好话可说，至少要学会避讳。"苏珊·安德森说。发泄感情和八卦是两回事。如果你遇到棘手的问题需要朋友的建议，去找一个你可以信任的人——不要找利益相关的另一个朋友。跟与此事相关的朋友谈，那就是八卦了。把负面情绪发泄出来，那是很健康、很重要的，不过一旦发泄完，一定要把这件事放下，继续前进！如果你跟朋友的关系出了问题，就去跟她面对面地谈，正面解决问题。这是锻炼你领导力肌肉的绝妙练习。

3. 谣言：你很清楚，如果有人乱传关于你的谣言，你会很受伤。所以不要散布这种毒素。

4. 手机礼仪：这一项也可以直接叫科技礼仪。有时我们需要拔掉插头，与其他人进行传统方式的交流。在商店结账的时候不要打电话，在公共场合时不要在电话中谈太私密的事，还有——这个一定要注意——不要在开车时发短信！

5. 眼神交流：别人说话时，如果你不直视对方的眼睛，对方会认为你对他们不够在乎。记住，要有眼神交流。

6. 倾听的技巧：我敢肯定，你讨厌被人插话。（这是我最最受不了的事！）当我们运用倾听的技巧，认真、全神贯注地听朋友、家人讲话时，就是在表达对他们的尊重。

7. 尊重：尊重父母、尊重老师、尊重上级、尊重朋友，简单说，就是尊重每一个人。

8. 情商：要知道什么时候疯起来、闹起来合适，什么时候冷静些、镇定些合适。

9. 尴尬社交情况：我们每个人都要面对这些情况——如何跟男朋友分手；如何告诉你最好的朋友，她夸张的行为困扰着你；如何在朋友邀请你参加聚众饮酒、超出你容忍范围的派对时说不；如何在碰到老朋友，却忘记人家名字时避免尴尬……每一种情况都是特别的。不过有这么一条永远适用的经验之谈——坦诚地说出问题，同时说出你自己的感受。没有人可以说，他/她不同意你的感受。如果忘记了别人的名字，那就坦白说出来。对付最尴尬情况的秘诀其实就是，诚实，运用幽默。大笑一番，把问题说清楚，比回避问题要强得多。

10. 约会礼仪：这点很重要，你知道，我认为女孩们应该给男生机会来做绅士。《十七岁》杂志的莉莎·格罗茨回答过这个问题："女孩应该期望约会对象为她开门，在她冷时递给她外套吗？这些行为是不是过时了呢？"

莉莎的回答是："以上所说的一切都不过时，也永远不会过时。在社交礼仪的话题上，男性和女性应该是平等的。女孩应该期待她们的约会对象那样做——如果他们没这么做，那他们就该学着做！"

11. "开玩笑的"：你身边有没有这样一个人，总是说些粗鲁、烦人的话，最后说一句"开玩笑的"就了事了？这几个字不能为他们粗鲁的话买单。

当我们有意识地做出选择，选择尊重他人时——当我们用行动和努力来支撑这个选择——自信就会直冲云霄！这可是极大的共赢。

尴尬的情况是人类的正常经历。咱们要接纳它，学会一笑了之。下面，纯属为了娱乐，我列出了一些大家都有共鸣的尴尬情况……

- 你低头看手机，其实是因为，这场谈话中你没什么好说的。
- 你等待合适的时机来说一句话，却被打断了，而且连续被打断了两次。
- 一个你认识，却又不熟的人走在你前面，你保持着距离。

- 你为别人打开门，他们却还没走到门口。
- 一个人上线了，你说：“嗨。”那人下线了。
- 你过去跟人击掌，对方却没在看你。
- 你不小心跟某人目光交汇。你假装在往远处看。
- 你说了句傻话。你想把这话掩饰过去，可所有人都已经看到你脸红了。
- 你对某人说“嗨！”，说出来的声音却太小了。
- 你暂时离开的时候，你的朋友们围成了一圈。回来后你没地方待，最后只好侧身站。（记得不要让别人落单，不要让这样的事发生在别人身上。）
- 一个人等朋友，只好假装在发短信。
- 你讲了一个超级搞笑的笑话，却没人笑。
- 给你剪头发的理发师跟旁边的理发师说话，你却答话了。
- 在走廊里碰到人，你还没走近，就直视了对方的眼睛。
- 有人想跟你击掌，你却不小心拥抱了对方。
- 你给一群人介绍一个人，却忘了这人的名字。
- 你给一群人介绍一个人，却说错了人家的名字。
- 你在一旁听陌生人的谈话，听到好笑的地方没忍住，笑出了声。
- 你决定穿你棒极了的新外套出门。接着看到一个女孩穿着一件一模一样的。

遇到尴尬的情况，不要太跟自己过不去……笑一笑就没什么了！留心一点，准备好在朋友——或是毫不相识的陌生人——遇到这种尴尬时刻时，帮他们一把。这也能提升你的自信度！

挑战

试着给你的家人、朋友，或是男朋友（嗷嗷嗷嗷！）……做一顿大餐！用高档的方式摆设餐具，像法国侍者一样招待他们——口音可有可无。至少这算是一件不寻常且有趣的事。咱们坦白讲吧，你玩《我的世界》这个游戏玩太久了也会无聊到想用玻璃碴戳自己的眼睛。做件特别的事吧！把用餐礼仪教给你最爱的人！选择运用礼仪……一切都取决于你的选择。

写下你的经历：

THE LOST ART OF LADYHOOD

SKILL 11

知晓为母之道

轻摇摇篮的手，统治全世界。

|威廉·罗斯·华莱士|

我20岁时就结婚了。我知道——很疯狂！我从来，从来没有想到过自己会那么早结婚。虽然我一直很向往婚姻和孩子，但我总想，好啊，不过也许要等到快30岁吧。可之后，这个可爱的男人进入了我的生活，他名叫甜兔兔小熊脸（他喜欢我这样叫他……好吧，他的名字是吉姆），他向我求婚了，而我也想跟他永远在一起！就这样——全新的人生计划就出炉了。我们的大女儿出生时，我才21岁，没过多久，我们就又决定生第二个孩子。我猜当时我一定是太激动了，完全忘了第一次怀孕时的各种不适，孕吐、大肚子、水肿的脚，每一次打喷嚏都要小便失禁。

怀孕是很长的一条路，姑娘们，这个过程需要消耗很多能量，让胎儿从一个受精卵开始，长出肾脏、大脑、耳朵、脚趾……当你约会时，考虑婚姻时，考虑生孩子时，一定要记得这一点。

你可能在想，做母亲跟这本书有什么关系？拜托了，杰茜，我还很年轻！这对我来说真是有点早了。如果你是这么想的，那太好了。

不过这个话题对你来说还是有教育意义的，所以不要跳过去。

在这一章中，我设定了3个目标：

1. 让你更能理解、尊重你的母亲，以及你生命中扮演母性角色的其他女性。

2. 帮你思考，你未来是否想做母亲，帮你描绘这一美丽的目标。

3. 让你想明白，为了你自己的幸福和成功，做母亲这件事一定要等到合适的时机。

在讲重点之前呢，我想先就我自己的经历稍作描述，告诉你做母亲的美好和艰难。你要知道，做母亲是我这辈子做的最正确的决定——我的两个孩子是我的整个世界。我相信你已经猜到了，我强烈推荐这一选择，你猜对了，不过我要先给你一些信息去消化。

下面几个故事将帮你稍微了解一下魔幻却又不可预测的母性世界。

我的冒险故事

——选择做母亲的时机无比重要

孩子们能看到大美——他们也能让你惊叹。

我女儿珍娜莎5岁的时候，我们在户外烧烤，她很高兴地冲我跑来，一脸激动，大喊道："妈妈，你快来看！这是我见过的最可爱的马铃薯虫！"（她做事有一点点夸张——我可不知道她从谁身上遗传到的。）

我们走过去，看了看那只马铃薯虫，它确实是只可爱的马铃薯虫——当然，是以马铃薯虫的标准来看。然后，我快两岁的儿子杰克森从草坪对面向我们急速跑来。（我们爱抚地叫他“小坦克”，因为这个充满爱的小家伙有35磅重。）小坦克蹲了下来，仔细观察了这个生物半秒钟，握起拳头……砸了下去！可怜的小虫子——根本就没有任何反抗的机会。

我女儿脸上惊恐的表情简直太经典了。她坐在那里，惊愕得一句话也说不出。她可绝对不会做出这样鲁莽的事。我后退一步，默默地观察着我的孩子们。我想，哇哦，他们有着同一对父母——基因来源什么的是同样的——可他们俩却天差地别。

杰克森……哦，可爱的，疯狂的杰克森。

珍娜莎……天使一般，慈爱的珍娜莎。

你要知道，你的孩子们会让你尴尬

我们家刚刚搬到一个新社区，参加完第一次社交活动之后，我们一起往家走。我丈夫和孩子们走在前面，我背对着他们走，因为我想跟刚认识的一个可爱女孩交朋友。

我转过身，却只看到我丈夫和我女儿，杰克森不知跑哪儿去了。我环顾四周，看到他正往一栋陌生的房子跑去。因为我了解我儿子，一眼就看出了他要干什么，所以我踩着高跟鞋就去追他了。（至少我帮这家人的草坪松土了。我人可真好啊。）

我儿子跑到门前，按了门铃，一个非常可爱的亚裔男子开了门。我刚走到门台上，我儿子就大喊了一声“嗨！”，跑进了房子里。我跟开门的男子面对面时，已经上气不接下气，还笑得停不下来。“抱歉！”我气喘吁吁地说，“让我去把他抓回来！”

杰克森看到我在追他，以为这是个游戏。我还在大笑，因为我实在忍不住，听到我在笑，他跑得更快了。

他已经跑过了整个门廊，穿过他们家客厅，在厨房跑了一圈，而这个可爱的亚裔一家人正坐着准备吃晚餐。他们脸上挂着惊恐的表情，举着筷子的手悬在半空中，呆呆地看着眼前这场闹剧——我踩着高跟鞋，试图逮住我儿子，却总差那么一点。

我终于在食品储藏室里把他困住了。我尽力忍住笑，向这家人道歉，我的道歉看起来可不算太真诚。我边用一只手抱起大笑不止的儿子，边说：“太抱歉了，太抱歉了。”却发现他们都听不懂英语。

我们回到前门去，那个可爱的亚裔男子还是刚刚的样子，一动没动。我又向他道了好几次歉，然后我很小声地说：“对了……我们是你的新邻居。”

孩子们的学习能力很强

在我们家里，我们都坚信沟通应该开诚布公。我喜欢直接、大胆地跟孩子交流。对于很有必要讨论，但是会有些难讲的话题，我会用正确的术语。

一天晚上，我们一家人在聊天，我决定，是时候告诉孩子们色情片的危险了。我们在讨论，如果在荧幕上看到裸体的人，就要马上关掉电视。我们甚至还用空手道来打比方，因为空手道在我们家是很重要的。我们这样讲，你需要挡下别人的进攻，防御自己。对待这种名叫色情片的毒药，也是同样的策略——必须积极拦截，抵御这种可怕的瘟疫。

第二天，我送儿子去上学前班，他冷不丁地说了句：“嘿，妈妈，裸体的人那个东西叫什么来着？”

我愣了一分钟，问道：“色情片？”

“嗯。”他说。接下来，他开始重述昨晚我们讲过的课。“我们不看色情片。要禁止色情片，因为它不好。”激昂演讲完毕后，他在自己的座位上坐下，满足于新学到的知识。

看到他把我说的话听进去了，我很是骄傲。我拥抱了他，把他送到了学校。5分钟后，我收到他老师发来的一条短信，说杰克森正在全班面前做禁止色情片的演讲。没错，他是听进去了。儿子，好样的。

希望我可爱的孩子们这些事迹能让你了解到为人父母会给

你带来的美好时光。

现在我们来看看做母亲的严肃的一面

做父母当然不是只有开心与游戏。下面这个故事讲的就是做母亲的艰难的一面。

珍娜莎快两岁的时候，我怀上第二个宝宝已经36周了——还有4周就要分娩了。我感觉非常棒。开始的3个月很难过——一天呕吐五六次，疲惫到可以在沃尔玛里睡着。谢天谢地，那种状态没持续太久。

我们决定给肚子里的宝宝起名叫约迪恩·海莉。她很爱动，我已经知道她会有怎样的性格，已经很喜欢她了。

她精力充沛，又活泼欢快——是一簇小火苗。我们会跟她做游戏，我丈夫拍拍我硕大的肚子，她就会回应。真的，我能感觉到她在里面回应。

这太酷了！不过她只愿意跟爸爸玩这个游戏。我要是试的话，她就没反应。她知道外面是谁。我特别爱她跟爸爸亲切互动的感觉。哦，我多爱这个我还没见面的孩子啊。

一天傍晚，离我的分娩日已经很近了，我意识到约迪恩一整天都没动了。因为她马上就要出世了，我应该每小时都能感觉到她动才对。一意识到这点，我就赶去了医院。可是已经晚了。宝宝已经没了心跳。我的女儿死在我身体里了。第二天，我在医院生下了她，我们给她办了个葬礼。我不得不把这个美丽的小女孩，我美丽的小约迪恩放进一个小棺材里，埋进一月寒冷彻骨的泥土里。那是我一生最痛苦的经历之一。

我给你讲这个故事，是想告诉你，成为母亲意味着什么。它意味着牺牲、身体上的不适，还有意外和悲剧发生的可能性，你的身体会发生并不迷人的变化，还会经历疲惫、痛，和忧心。

它也意味着感受满满的幸福，把你的整颗心交给另一个人，找到人生的满足和目标。做母亲是一个机会，你能影响一个人，也许能创造一个改变世界、做美好事情的人，这样你就能给世界留下一笔财富，经历科学无法复制的神圣奇迹。成为母亲，是女人在这个世界上最美的机会之一。正因为它是如此美丽的机会，它也会带来沉重的责任。

时机无比重要!

说了这么多多愁善感的话，讲做母亲有多美好，同时我也见过它的另一面。我接触过不少少女妈妈，单身，抑郁，压力很大，不知道该怎么在抚养孩子的同时从学校毕业。所以，这些话必须说：如果你认为性爱的快乐值得你冒意外怀孕的风险，那请动动你那聪明的大脑，好好想想。根本不值得！我知道这话很武断，但下面这些数据可以支撑我的观点。

- 10个美国少女中有3个会在20岁之前至少怀孕一次。这意味着每年有750，000例少女怀孕。

• 怀孕生子是少女辍学的最主要原因。超过一半的少女妈妈没能高中毕业。

• 能在30岁之前拿到学士学位的少女妈妈少于2%。

• 美国是西方工业化国家中少女怀孕比例最高的国家。

• 10个少男爸爸中有8个最终没有娶他们孩子的母亲。

• 一个有性生活的青少年如果不用避孕措施，就有90%的可能在一年内发生意外怀孕事件。

• 近50%的年轻人从没考虑过怀孕将会怎样影响他们的生活。

• 每年，4个年轻人中会有1个感染性病。

几个更令人震惊的数据：

• 少女妈妈的儿子们入狱服刑的几率比常人高13%。

• 少女妈妈的女儿们成为少女妈妈的几率比常人高22%。

• 少女妈妈的孩子们比常人留级的几率高50%，在标准测试中取得的成绩较低，而且更可能在高中辍学。

不要成为这些数据中的一例！聪明点，注意安全。等到结婚再开始性生活，你会快乐很多的。并且，等到结婚再开始性生活的夫妻离婚率要比其他夫妻低22%。

答应我一件事——下面这句话可能非常唐突。如果你不慎怀孕，不要去堕胎。为了爱，给他或她一个活下来的机会。成千上万不能生育的家庭都愿意付出很多，以便得到这个机会，给你的孩子一个充满爱的家庭，一个美好的人生。不管你怎么辩解，堕胎都是谋杀。我的这个观点死也不会动摇。我很愿意跟任何观点不同的人当面对质。我经历过两次流产和一次死产，在这件事上我不能保持沉默。我很珍惜生命。如果你怀孕了，找一个值得信任的人谈谈——你的父母，好朋友的父母，老师，你的医生——任何你可以信任的人，任何关爱你、能在艰难的时期仍然爱你，不放弃你的人。

堕胎不光会结束一条生命，也会对经历堕胎的母亲产生严重影响。影响可能是身体上的，也可能是心灵上的。

这些副作用可能会是：抑郁、PTSD（创伤后应激障碍）、进食障碍症、性功能障碍、酗酒，以及被卷入暴力恋情。

如果你因为强奸或乱伦而怀孕，去找一个可信任的成熟人谈一谈。这种事很难想象，却有可能发生。值得庆幸的是，总有人会愿意帮你挺过难关。

成为母亲之前，另一个需要考虑的问题就是，你能否提供一个充满爱的家。如果你觉得你不适合做母亲，没关系。这世上有很多母亲并不是好母亲。这现实令人绝望，却是我们必须要面对的。虐待儿童和堕胎是我无法冷静对待的两件事。提起来就会伤透我的心。在成为母亲之前，请用爱和耐心思考你做母亲的能力。

我们刚刚谈了一些很严肃的话题，但是我希望这些想法能让你尊重、珍惜做母亲的机会，这个能够创造、培养、珍爱一个生命的机会。

说得差不多了。你还是个年轻人，生活很美好。我只能告诉你，就我个人而言，当我90岁时，坐在养老院里，吃着果冻，对我来说唯一有意义的事，就是我是一个好母亲。做母亲是我所做过的最艰难、最美好、回报最大的决定。我为我的孩子自豪，我最感激的，是我的孩子们能在一个充满爱的家里长大，有爱他们的爸爸妈妈。这幅美好的图景是值得你们等待的，姑娘们。

咱们来谈谈做母亲的美好！

下面这些问题可以帮你构想一个健康、积极的母亲形象，你未来可以做到这样。

方法22

做母亲的美好：记录你的母爱梦想

没错，姑娘们，请拿出你最爱的书写工具。

笔记时间

写下你妈妈或你生命中扮演母亲角色的人令你崇敬的品质。

你为你妈妈做什么事情的时候，她会快乐一整天呢？

你能为你妈妈做些什么来表达对她的感激呢？（你从前没做过的事）

你妈妈做什么的时候，你会快乐一整天呢？

有哪些你最爱的童年记忆，让你希望它有一天会在你自己的家庭中重演呢？

笔记时间

写下你成为母亲后，想跟你的孩子一起做的5件事。去动物园，去公园，去迪士尼乐园，玩捉迷藏，等等。

你希望你的孩子在你的葬礼上说些什么呢？太沉重了，我知道。但是，早些考虑未来是没有坏处的。你希望他们记得你的什么？

你希望你给你的后裔——你的孩子和孙辈们——留下怎样的财富呢？当然，这也只是考虑未来。

挑战

这周，仔细观察一下你敬重的母亲们。注意她们的日常生活都是怎样过的，想一想要做一个好母亲，需要做到什么。你甚至可以采访几个你尊敬的母亲。看看她们有什么想说的，也许她们的答案会很有趣，很新奇。在脑海中架构一个你想成为的母亲形象，是为这个美丽的梦想做计划的好方法——等待时机成熟的那刻。思考思考你的未来……一切取决于我们的选择。

写下你的经历：

SKILL 12

服务他人

如果你无法喂饱一百人，那就先喂饱一个人。

|特蕾莎修女|

我下面要说的这句话很不好听。准备好了吗？年轻人都很自私。我知道我曾经是个自私的少女！我明白，这话听起来很残忍，可实际上，这只是成长的自然规律。你已经知道我有多爱你们了，所以我告诉你这一事实，完全是出于对你们的爱。

总体来说，青少年时期是所有人生命中最以自我为中心的几年。当我们还是孩子或少年时，人类的天性本就是那样，这也不完全是一件坏事。我们只是还在挣扎着掌控这疯狂的生活。

我们一出生在这个世界，就立即意识到，生活给我们的选项并不多。作为婴孩，我们无法选择自己的父母、姓名、家、食物……作为孩子，我们无法选择自己的学校、上学时坐的位置、晚餐吃什么、什么时候放假……作为少女，我们无法选择作业；无法选择摆脱学习困难症、粉刺、社交生活中的乱象；无法选择自己的身高，甚至无法选择自己耳朵的形状。

当然，也有好的方面，在很多事情上，我们还是有发言权的：我们的态度、我们的梦想、我们的职业道德、愤怒、宽恕、个性、诚信，还有——这是重头戏——我们的幸福！

你要意识到，“自私的按钮”是能被开启和关闭的。我们要有足够高的情商，才能知道何时可以考虑自己，何时应该多考虑他人。

学习如何控制那个开关是很重要的，因为一旦我们学会了暂时把焦点从自己身上移开，考虑别人，就是成为了更好的自己。

当我们花时间服务他人时，自己就会更幸福。这是科学事实：如果你想更幸福，就为别人做点什么。你可能已经知道，让一个人微笑，或是知道你真正帮助了别人时的美好感觉，如果你还不知道，我来告诉你，它是会让你上瘾的。你想享受轻飘飘的快感，却不想拿自己的生命做赌注？尽全力去让另一个人微笑，这会让你感受到生活的美好。

服务他人并不需要有多复杂，或是花很多时间。只是在走廊里冲人微笑；给妈妈写一个小感谢便条；对你的数学老师说“谢谢你教我”；跟你的弟弟分享一块儿巧克力；帮年长的邻居修剪草坪；或是邀请那个孤僻的孩子跟你和朋友同桌吃午饭。这些都是很简单的事，却能给你带来做摇滚明星般的感觉！你会被那种美好的感受震撼到的。当然了，你服务的这些人会永远爱你，但更重要的是，赠人玫瑰，手有余香。

来听听这个女孩的故事，她很厉害，因为她选择与他人共享光亮，奉献他人，服务他人。

艾丽莎·金从15岁开始就做志愿服务，之后她创办了自己的组织并担任CEO。她说：“向生活在各种不同领域的人学习，我能获得自尊，他们有着各自不同的契机和阻碍。我感觉自己给社会带来了积极的改变。我感觉我的人生有了意义和方向。”

我想用一段篇幅来聊一聊另一个话题，你可能会觉得它与讲奉献的这一章格格不入，这个话题就是——抑郁。很多年轻女性都遭受抑郁的折磨。我在自己的少女时期，有好几个阶段都有这种经历，它很妨碍人的发展。这个话题之所以重要，是因为我想让你知道，几乎所有人都会在人生的不同阶段经历抑郁。根据美国国家心理卫生研究所的研究，女孩比男孩更可能遭受忧郁困扰，而且11%的青少年在18岁之前会患上躁郁症。

如果你患有抑郁症，奉献是很强大的一种治疗方式。我绝不是在说奉献能取代医生建议的药物治疗和其他诊疗手段，我只是在说，它绝对是很有帮助的附加活动。

怎样才能知道自己是不是抑郁了呢？以下是一些抑郁症状，如果你发现自己有其中一个或两个，跟别人谈谈总是好的。千万千万千万不要因为见职业理疗师或者因为跟你的医生交流而感到羞耻。这种情况是有方法改变的。你不需要“挺过去”。

- 你总是觉得很恼怒、生气。
- 一切都变得很没趣，你已经没有努力的理由了。
- 你自我感觉很差——觉得自己没用、愧疚，或者只是觉得“不对劲”。
- 你睡觉太多，或是睡不够觉。

- 你经常会不明原因地头痛，或身体出现其他问题。
- 你动不动就哭。
- 你在没有相关计划的情况下体重剧增或骤减。
- 你就是无法集中注意力。你的成绩可能因此而直线下降。
- 你感到无助，或者毫无希望。
- 你考虑到死亡和自杀。如果有这样的情况，请立即找人谈谈。

你的朋友抑郁吗？识别这些预警信号，你也许会成为他们的守护天使和生命线。

- 你的朋友不想再做你们曾经爱做的事了。
- 你的朋友开始酗酒、嗑药，跟影响坏的人交往。
- 你的朋友不去上课了，也不参加课后活动了。
- 你的朋友说自己不好、丑、傻、没用。
- 你的朋友开始谈死亡、自杀之类的话题。

注意到这些征兆还只是行动的第一步。你还需要为他们做些什么！跟你的朋友谈谈，告诉他/她，希望总是有的，黑暗尽头总有曙光。试图自杀的小孩之后总会说，他们是因为觉得没有其他方法可以解决他们的问题，才会选择自杀。

如果你或你认识的任何人有自杀的想法，你一定要帮他们求助。生活总有希望，总有获得帮助的办法的！要永远心存希望，记住永远有人愿意帮助你！

如果你经受抑郁折磨，或者你还比较开心，只是想更有成就感，想拥有更明确的目标，奉献可能是最合适的处方！

迈克尔·斯蒂格是来自肯塔基州路易斯维尔大学的一位心理学家，他说他总惊异于不同人生活的巨大差异。他说："比如说帕特·蒂尔曼，离开了NFL（全美橄榄球联盟）去参军，前往伊拉克战场，之后又去了阿富汗（在那里牺牲），可娱乐名人及社交名媛帕里斯·希尔顿却长期追求公众曝光，生活得浅薄。"

这项发现启发斯蒂格与65位本科学生一起做了一项研究，探索让人幸福的到底是什么——寻求快感还是做好事？"我们发现，人们越多参与有意义的活动，就越幸福，他们的生活也越有目的感。寻求快感的行为却无法增加人们的幸福感。"

从另一项来自健康生活的研究中，我们发现，通过帮助别人来改善自己的健康，在科学界也有很多支持：

新的研究表明，行善所带来的积极情绪是有生物化学依据的。在《国家科学院报》新发表的一项研究中，参与者在核磁共振仪的监测下，做出决定，将参与研究所得的一部分钱捐给慈善组织。参与者选择捐钱时，其大脑的中脑边缘系统就会被激活，这一系统在收到类似金钱奖励的积极刺激时才会被激活。选择捐款也会激活大脑的一个亚属区域，这一区域制造与快感相关、有助于建立社交关系的化学物质，如氧可酮。

这话很绕口，道理却很明晰。帮助他人会获得快感，这是人类的天性。

在同一篇文章中，史蒂芬·波斯特博士（《好人会有好报吗？》一书的作者之一，凯斯西储大学的一位生物伦理学研究教授）这样说道："当你经历同情、仁慈、善良之类的情绪时，它们会挤走负面情绪。减压的最好方式之一就是帮助别人。"

文章又谈到："沮丧、焦虑、压力等情绪与'自我'的相关度都很高，因此关注他人的需求真的能转移我们的注意力。"

我认为这些都是很有说服力的论据。

我的冒险故事

——去做慈善却被教会很多

18岁那年，我的人生发生了巨大转变。我跟一个叫做"关爱孩子"的志愿组织去了非洲的肯尼亚。我记得我坐在20小时航程的飞机上，想：我好激动啊！那些可怜的人们，生活肯定很艰难。他们没有我们在美国拥有的这些美好的东西。我很高兴能去帮助他们！

我真心很激动，满腔热血地想要帮他们改善教育状况，但我对那些人生活方式的理解却太过天真。正因如此，这次经历永远改变了我的人生。

我们的团队到达内罗毕，我就被这个城市的繁荣惊到了！我本以为非洲所有的地方都是很原始很贫困的。但当我们到达城市外围时，眼前的场景却完全不同了，我的转变就此开始。不知从哪里跑出一群漂亮的小孩子，他们赤足跑在土路上，衣衫褴褛。那里的房子是凹凸不平的金属板搭的，还用胶带粘在一起，他们的排水系统是可以看到的，就在路边流淌着。他们根本不认识这地方以外的世界。我的心碎了，这场景让我有些不知所措。

我们到达了一所孤儿院，那里的孩子们为我们准备了一场演出。各个年龄段的孩子加起来至少有一百个，他们的表演非常精彩。他们唱歌、跳舞、耍杂耍——我很钦佩他们的才艺。这些孩子中的任何一个如果去参加《美国达人》或《美国偶像》的话，必会夺冠，这点毫无疑问。我们跟这些很棒的年轻人一起度过几个小时，分享饼干，跟他们学歌，给他们照相。这些孩子根本一无所有，可他们却那么快乐，那么感激生活。我被感染了。这经历无与伦比！

离开孤儿院，我们驱车前往“关爱孩子”出资建的一所小学校。那里所有的孩子都穿着红色校服，吃得上营养餐，在学习读写。我跟一群小男孩玩，他们都对我的摄像机着迷极了。他们排起队来，轮流看镜头里的画面。我们一起做“红灯绿灯”、“河畔边”（一种可以围坐成圈玩的拍手游戏）游戏，玩得非常好！

第二天，我们出发前往一座叫莫洛的小城，拜访另一所学校。一路上都是没有铺好的路，实际上，坑洼不平的地面简直像布满了弹坑，而且非洲似乎很缺减震，我们在车上都得抓紧了，才不至于被颠得掉出去！我们一路上看到的所有人都穿着脏兮兮的破烂衣服，这地方也没有除臭剂——有时候难闻的味道会让人难以忍受。

中途，我们停车去找洗手间，结果完全被他们的厕所震惊到了——厕所就是敞开的，没有门——只有地上的一个小洞。没有冲水系统，没有地方坐——太令人震惊了！

我在非洲最爱的记忆之一就是那次到达莫洛时，一大群漂亮的孩子们跑过来拥抱我们。他们并不认识我们，但他们很高兴我们来拜访，一看到我们走出面包车，他们就激动得都要失控了。他们看到我胳膊上的雀斑，会想要把它们擦掉——他们几乎遇不到白人。

这些孩子中有很多是孤儿，在他们年轻的生命中，已经经历了极度饥饿、流离失所、痛失父母等灾难。有些孩子在来这所学校前做过小偷，因为偷食物是他们存活的唯一办法。

可是，他们却如此快乐。

我们来拜访的最主要目的是给这些孩子建一所图书馆。我们给他们带来了几百本书。我们花了很多时间整理他们的新图书馆，给书籍编目录，而我最喜欢的工作，是给他们念书。他们蹦到我腿上，说："念这个。"我念完之后，他们就下去，拿起另一本书，再蹦上来，说："再念这个！"他们渴望教育的热情激励了我。

这些可爱的孩子中，有些在来这所学校前，从没有过阅读的机会……他们怀着感恩的心。

我给你讲这些，是想让你体会到，我的生命为何会出现转变。只有被深深地感动，才能有这样的感受。但是我受到的最大的心灵震撼，来自于一个名叫辛迪的13岁非洲女孩。

我见到她的第一眼，就喜欢上了这个充满生机又十分可爱的小淑女！她有着灿烂的笑容，闪亮的眼睛，美丽的黑色皮肤。她好漂亮，她的快乐能感染人。

我们一整天都在一起，一起给小一些的孩子念书，一起去学校后方的一座小山徒步，一起刷墙、做游戏。

一整天里，她不停地告诉我她有多感激这所学校的存在，她要努力学习，顺利毕业。她的理想是做一位心理学家。她甚至还告诉我，她已经想好要怎么设计她的办公室了。

她给我描绘了一幅令人振奋的画面："我要一张樱桃木的书桌，总是保持整洁。桌上不会放纸。我想要一把奶油色的躺椅，进我办公室的人都会舒舒服服的。我的墙上要贴上漂亮华美的灰色装饰性壁纸，很优雅的那种。人们进我的办公室，就会感到安全，我能帮他们解决问题。"

这个女孩是有大梦想的，对吧？你能想象到她的办公室了吗？她对这个目标满怀激情，没有什么能够阻挡她。

第二天，我不得不跟辛迪道别。我们去了另一所学校。我和辛迪互相承诺会写信保持联系。在去另一所学校的巴士上，我的队长过来坐在我身边，说："你昨天过得怎么样？"

“棒呆了！我交到一个新朋友，她叫辛迪，我们在一起特别快乐！我们还说好了要做笔友呢！”

他沉默了片刻，接着问道：“她给你讲她自己的事了吗？”我细致地复述了辛迪讲给我的未来目标。“不错，但是她有给你讲她的童年吗？”

我犹豫了：“没，她没讲。”

他露出礼貌的微笑：“既然你们要做笔友，那你也许应该多了解了解她。”

接下来，他给我讲道，辛迪的父亲在她非常小的时候就抛弃了辛迪和她的母亲，接着，她母亲又死于艾滋病。她被一家并不想要她的远亲收养，被迫睡在他们家小屋门外的纸板箱里。在那个家庭里，精神和肉体上的家庭暴力频繁发生。他还说，辛迪住在学校，是因为从她家走到学校的路太危险了。

“关爱孩子”在这所学校建了一栋宿舍，就是为了保证辛迪这样稍大一些孩子的安全。我的队长给我解释，这些女孩们在去上学和回家路上需要走好几英里，在这条路上，她们会面对怎样的危险，我听了大哭起来。

下面这个事实听起来很残酷，但我还是要跟你们分享，亲爱的读者们，因为我知道，你们足够成熟，能承受这些信息的重量，也因为你们可以从其中学到重要的一课。在非洲，有些人相信，当一个男性感染了艾滋病，他可以通过强奸处女的方式除病。当然了，这只会让疾病进一步传播。

辛迪已经遭遇过侵犯，被强暴过，她才13岁，却得面对HIV

阳性的事实。这才叫没得选择！你能想象到这样的处境有多艰难吗？

我哭了很久，为我可爱善良的朋友心碎，但我之后意识到一件事，这是非常美妙的细节。

辛迪一次也没对我讲过，她是孤儿，她的生活有多艰难。她一次也没有抱怨被父亲遗弃。她一次也没有提她是强暴和暴力的受害者。

这女孩完全掌控着自己的人生！她选择让自己强大，走出过去，在这一刻快乐，把目光放在充满希望的未来。

我永远也忘不掉辛迪。每当我觉得自己难过时，或是想抱怨自己的生活时，我就想想她。

我想，她若是拥有我这些“特权”的十分之一，该会有多感激——室内管道，安全又足量的食物，微波炉，汽车，鞋子，淋浴，清洁的水，方便的教育资源和知识，干净的衣物，还有走在街上时安全的感觉。

所以，下一次你想要抱怨我们的世界时，想想辛迪的世界，选择感激。

这个故事基本总结了关于奉献我想要讲的所有东西。我本以为我是去帮助这些美丽的非洲人民，结果却是他们给了我很多精神上的帮助。他们教会了我很多，他们给我的生命带来的美好是无法言喻的——奉献是双赢的！

你能做些什么小事来帮助别人呢？下面我们来讲一些例子。

—方法23—
服务他人，哪怕只是一个善意的举动

• 对跟你一起上英语课的那个孩子微笑。

• 去拜访一个动物救助中心，给可爱的小狗小猫带去一些爱。

• 给你最好的朋友写个“你很棒！”的便条。

• 每天多对一个人说“嗨”。

• 匿名给科学课上那个孤单的女孩写一张“你好棒！”的便条。趁她不注意时，贴在她的储物箱上或桌上。

• 邀请那个总是一个人吃午餐时的男孩来跟你和朋友一起吃午餐，让他以后都不用再孤单。

• 帮丧夫的邻居在她家花园里种些花。

• 给你父母写张便条：“谢谢你们爱我，谢谢你们没把我送给别人养。”然后留在他们枕边。

• 带你妹妹去看场电影。

• 给你家的邮递员烤些饼干，加上一张感谢便条，把它留在你家信箱的上面或是里面。

• 给你家附近收垃圾的烤些饼干，做一张大海报，写上“谢谢你，收垃圾员！”（我还去问了收垃圾的他们喜欢被怎样称呼，他说他们不介意被叫做“收垃圾员”。）

• 给你学校的保洁员烤些饼干。

• 给你的校长烤些饼干。厚着脸皮拍马屁谁也伤不到。

• 跟一群朋友一起去敬老院，为所有老奶奶涂指甲油。

• 想些有创意的方法，感谢消防队员、警察、医生、护士，感谢他们每天不顾自己的安危帮助我们。

• 给父母做一顿晚餐。

• 这条会有些奇怪……为你们学校的恶霸或是你不喜欢的人做些什么。结果可能会很好呢。有时候恶霸也需要一些爱。

• 当你发现别人身上有什么闪光点，记得告诉他们：“我喜欢你的上衣。”“鞋子不错。”或是“你的耳垂长得真好看。”

• 组织慈善募捐、烘焙义卖、庭院甩卖，或是上门推销手工商品。卖到的钱可以捐给你最喜欢的慈善机构。

• 教授别人一些技巧或是做指导——你有什么技能呢？你会阅读，会写作吗？你能不能去小学，帮助一个需要一对一辅导的孩子呢？也许你是个很棒的舞者。你可以开设免费的社区舞蹈课。有很多孩子都想学艺术，却没有足够的经济支持。你可能就是那个孩子的救星。

• 在流浪者暂住所或施粥摊做志愿者——任何流浪者暂住所都会很乐意让你来帮忙，以帮助有需要的人。在网上搜索“流浪者暂住所”，限定为你居住的区域，找离你最近的那家。

奉献能帮到你！当然了，也能帮到你帮助的人，但你在心理上得到的回报远比你付出的要多。如果你觉得不开心，沮丧，沉重，无聊，甚至严重抑郁，那就暂时忘掉自己，去考虑他人。这会给你带来很美好的感觉……你会对这种感觉上瘾的。

想快乐吗？奉献是绝对能帮你快乐起来的一种有用的方法，哪怕只是一个小小的善意的举动。

笔记时间

帮助别人不一定要去非洲。把你的想法写下来。你的笔在哪里呢?

轮到你了……动脑筋想想!你有什么才能?你周围的人有什么需求?

如果你有100万美元,想捐出去,你会选择帮助哪个慈善机构或是项目呢?流浪动物收留所?艾滋病?心脏病?癌症儿童?又或者,你想创办自己的慈善组织?你是怎么想的?在这些事业中,哪一个能激起你的热情呢?

回忆一件你受到别人帮助的事,别人让你的一天都美好起来的那种。

挑战

从这周开始，每天为别人做些什么。你可以花5秒钟的时间在走廊里冲那个害羞的孩子微笑，也可以做些更复杂的事。看看这一周结束时，你感受如何。如果你一点都没有更快乐，或是更自豪的感觉，给我发email，我保证会给你寄一匹小马……对，我愿意下这么大的赌注，赌你在做过7件善良的事之后会感觉很棒……一切都取决于我们的选择。

写下你的经历：

总结

我还有最后一点要说明，说完我就可以闭嘴了。

就算你记不住这本书里的任何内容，我也想让你记住我的人生哲学。没什么深度，但这是我做所有决定的准则。它就是：

等我90岁了，我会坐在养老院里吃着果冻，玩着宾果游戏，主演养老院排的音乐剧……我会为自己生命中所做的决定自豪吗?

一切取决于我们的选择，我希望自己能在度过长寿的一生后回首，看到自己所做的选择都是正确的。你不想留下任何遗憾。你想要说：“天啊——这一辈子值了。”所以每次面对抉择时，都这样想想。要认真考虑自己的人生准则。没必要把粉色果冻写进去哦。

笔记时间

最后一次写点东西玩了——你已经轻车熟路了。

我的人生准则：

生命中，我们其实只有3个选项：放弃，妥协，或是全力以赴。你选择哪一个呢？

我们需要你们，淑女们。我们需要你们的领导力，你们的影响力，你们的可爱，你们的自信，还有你们的力量。你们独一无二，都是很特别的。要感激你不寻常的地方，也要感激你生命中不寻常的寻常——那些也值得被感激。你有这种天赋，能让别人的生命不同。你有个美丽的使命。只要你有心跳，你就有使命。你有义务为这个使命做些什么。我真诚地希望你选择自信——你是值得被爱的。你值得拥有这个世界上可能拥有的一切幸福和成功。

哪怕你只是用了这本书中的一个点子，从中得到了帮助——那这段旅程我就没有白走……你也没有白走。我很高兴你能成为你本应成为的那个人！

感激你的真我！选择做一个自信、优雅的淑女，永远不要超速驾驶。

我真的很爱你。爱你的杰茜。

| 气质修炼方法大盘点 |

方法1：做不到就先假装！（P10）

挺直背，微笑，表现出自信的样子，没人能看出你是不是在装。这也不算是虚伪假装，因为这就是原本的你。只是是你最好的一面……一个自信、快乐的领导者。掌控全场！

方法2：习惯讨好别人的人，都有哪些表现？（P17）

讨好人是一场危险的游戏。千万不要玩。

方法3：五种说“不”的方式（P19）

“不”是一个完整的句子。勇敢地说出自己的真实感受，是自信的一种锻炼方式。

方法4：请选择相信自己（P20）

我们都是神龙勇士，只需要选择相信自己。选择相信自己，是你在树立自信时可以用到的另一个方法。

方法5：请走上自我发现之旅（P28）

你是谁？你想成为怎样的人？你的人生目标是什么？

一旦你真正了解自己，你就能成为自己宇宙的主人！

方法6：建设自己的快乐能量库（P61）

这是我能给你提供的最有用的精神自励方法。把消极的想法从你的脑海中扔掉、踢走，立即用幸福、欢乐的情绪去替换。

方法7：衡量一下，你遇到的挑战有多严重（P69）

退后一步，放宽视野。这件事真的值得你“大哭大闹”吗?

方法8：请真诚地问自己三个问题（P76）

允许自己相信，你足够好。你尽自己所能做一个善良的人了吗?你尽自己所能做一个合格的朋友了吗?你尽自己所能做到真诚了吗?那好，一切都没问题！你不需要其他任何人来衡量你的幸福。

方法9：放弃自暴自弃的行为（P84）

不要自己夺去自己成功的机会。你生来就是要掌控这个世界的！

方法10：激发与生俱来的自我领导力（P90）

有时候我们得学着寻找自己的领导技巧，领导力已经在我们身上了。我们要做的就是让它闪光！

方法11：写下感恩日记（P101）

注意积极的事，你就会发现你的生活中有很多美好的东西。

方法12：处理情绪——有负面情绪就发泄出来（P113）

寻找积极的方式发泄强烈情绪——远足、打乒乓球、吃焦糖布丁、倾诉、记日记、吹卡祖笛。

寻找适合你的方式。

方法13：不要移交你的个人力量（P115）

不要转交自己的个人力量，挺身为自己说话，诚实地表达。

方法14：C.L.A.W.——削弱“恶霸”力量的武器（P122）

对付人际交往中的“恶霸”，保持冷静（CALM），爱他们（LOVE），避开他们（AVOID），你就会赢（WIN）！

方法15：合理管理压力，拒绝不健康恋情（P126）

对你而言，有什么方法能帮你管理压力，给你自己的思想和精神重新注入活力呢？我不清楚你怎么想的，但我个人觉得蹦跳跳鼠是很放松的……就好像在给柏油路按摩。在青春时期，我们还要学会辨识性侵者的犯罪行为模式，发现“被掌控的”不健康恋情，并尽快远离！

方法16：女孩，请做好自我防卫（P147）

你值得被保护。

方法17：划清身体上的界限（P153）

现在就决定你自己的界限，不要允许任何人跨越它们。如果有人快要逾越你的界限，明确地表达你的感受。

方法18：注意个人卫生，举止得体（P163）

当你花时间整理好自己的仪容时，就是在向别人展示你对自己和他人的尊重。所有人都喜欢闻起来像新鲜出炉的草莓馅饼的女孩。（等等，什么？哈哈！）

方法19：爱上你的身体（P179）

锻炼和营养是幸福生活的必备条件。对你自己那奇迹般、美妙无比的身体好一些。

方法20：用餐时，以足够的自信展示优雅的姿态（P199）

用餐礼仪可以展示你对自己和他人的尊重。用餐礼仪还能让食物更美味一些。

方法21：注意重要的社交礼仪（P203）

简单的礼貌习惯能在跟他人的交往中帮到你的大忙。

方法22：做母亲的美好：记录你的母爱梦想（P219）

你认为为人母在你将来的考虑范畴内吗？你想做怎样的母亲？捉迷藏，去迪士尼乐园，圣诞节的早晨，在浇草坪的水花中奔跑……你能为未来的孩子构想出怎样的冒险呢？

方法23：服务他人，哪怕只是一个善意的举动（P235）

把目光从自己身上移开，对他人好一些。这样的举动有很多意想不到的好处……幸福的加分、友谊的巩固、家庭的和睦，还有更加坚硬的角质层。（好吧，角质层那条不算，但是你的生活会变好的！）

THE LOST ART OF LADYHOOD

附

家长篇

| 女孩勿读 |

首先，感谢你为女孩买了这本书。我猜这本书有可能是你买的，而她也读了，现在又把书交给你，因为这部分叫“父母篇——女孩勿读”。你的女儿真是太乖了！我希望她读这本书的过程愉快，从这本书中学到了一两点能用在生活中的道理。

这一章是写给你的——少女的父母或监护人。如果你的女儿跟我像的话，那你就跟我的父母一样，在美丽却潜伏着危险鲨鱼的水域中游泳。只不过这些鲨鱼会藏在浴室里好几个小时——梳洗打扮，她们只是在你提醒她们多穿件外套时会拿出骷髅头的耳机。

10分钟前，这些鲨鱼还是很可爱的，又爱你，喜欢抱抱，是梳着小辫子的小公主，她们想拉着你的手，跟你玩过家家。你曾经是她们的英雄。现在，她们仍然又可爱又爱你，但你只要走错一步，就会把你的小公主变成跺着脚、翻着白眼、狠狠咬着牙的鲨鱼，她喊叫着：“你不爱我！”

你可能会想，这个叫杰茜的女人真是不友好——拿鲨鱼来比喻我的女儿。没错。我就是大胆而坦诚——我最在行的就是这个。

我之所以有勇气这样说，是因为我曾经是最可怕的鲨鱼。

我想我的叛逆问题归根结底是因为缺少尊重，不尊重自己，不尊重父母。我父母当年为何没把我卖给流浪的吉普赛人，我是永远都不会懂的。

我这样在乎尊重，是因为对别人的不尊重是我最大的遗憾之一，我不够尊重我的父母、我的老师、我的哥哥们，还有我的朋友，可以说，是对身边的所有人都不够尊重！

没有人教我如何尊重他人。我亲爱的父母在我的青春期那几年被各种个人难题缠身，只顾得上挣扎求生。开启生存模式能帮你免于把一切都摧毁。现在我很爱、很尊重我的父母，跟他们之间的关系都很健康、美好。但我还是要说，即使他们当年在情绪上、精神上、经济上都很紧张，他们还是应该对我更严格才对。

一、我们必须教会女孩子学会尊重

事实是这样的，如果我们不教女孩学会尊重，那就是剥夺了她们健全的机会，就是在害她被卷进各种难搞的人际关系之中。

我们需要教会她们如何以健康的方式处理自己的情绪。孩子们需要界限。孩子们需要规则。孩子们需要足够的爱，需要一个权威人物告诉她们，她们的举止不合礼仪，是对他人的不尊重。这些孩子是未来的妈妈们，她们必须学会尊重——尊重自己也尊重他人。

即使青少年确实面临很多挑战，而她们生活的世界中又流行错误的选择，我们也不能惯着她们。下面的这5条，是爱女儿的父母，需要为她做的艰难决定。

- 因为爱女儿，所以不为她摆平生活中的困难。她并不是每次面对挑战时都需要被拯救。
- 因为爱女儿，所以不容忍她的不尊重。她不该被纵容。
- 因为爱女儿，所以不在学业和课外活动上要求太过严苛，以免你们的亲子关系受到损害。
- 因为爱女儿，所以不为她的不良行为找借口。要看清现实。
- 因为爱女儿，所以要对她坦诚。你犯错时要愿意承认，对她说“对不起”，请求她原谅。这是与她真正交流的极好方式。

笔记时间

在这本书中，我给了你的女儿很多记笔记的机会——所以你也记一些笔记才公平。要记住，她可能（我希望如此）会读你写下的答案。

写下你最爱女儿的5点。

此刻，你最希望你们之间关系的哪个方面有所改善？

笔记时间

为了实现你所期待的改善，你能做些什么？

为了实现你所期待的改善，她能做些什么？

你为她设想的未来是怎样的？

二、成功育女的3C法则

这3个法则是：关心（caring），沟通（communication），有选择地管教（choosing your battles）

1. 关心

永远不要让女儿有机会说“你不在乎我！”或“你不爱我！”。用赞美和爱淹没她。

寻找夸她的机会，寻找可以一起做的开心事。并不需要多奢侈、精致，只要想出有创意的事跟她一起做就行。

跟她分享你的时间，能让她觉得自己被注意到了，自己是特别的，有人听自己说话就行。爱是不嫌多的。你没必要容忍她夸张的脾气，但也不要给她机会说你不在乎。我的意思不是让她彻底不说这句话，她无论如何都是会说的！但不要让她真正相信你不在乎。

让她明白你有多在乎她的最好办法，就是跟她分享你的时间。当她主动问你是否能跟你谈话时，放下手里的一切，直视她的眼睛，认真地听。她看起来心情不好时，问问她想不想跟你一起去吃冰淇淋。问问她需不需要你的帮忙。跟她玩玩拼图，看看电影，打打扑克——问问她想跟你一起干些什么。

乔·怀特在讲述他教育青春期女儿的故事时，这样说，他每天早晨6：15都跟女儿一起去跑步，但他必须遵守规则："1. 我们按她的节奏跑；2. 她一个人说；3. 我只管倾听。"

关心并不等同于溺爱。关心意味着你要在她身边，你要倾听，投入于她的生活。她不会怀疑你对她的爱的。

2. 沟通

创造出让她希望跟你沟通的环境！

多学东西，跟她谈进食障碍问题，跟她谈媒体宣扬的不健康的审美标准，跟她谈毒品和酗酒问题，跟她谈欺凌问题、网络欺凌、性、性爱短信、少女怀孕问题、女孩之间的问题，还有教育的重要性、她的长远目标，等等。你一定要熟知女儿所生活的年轻人的世界。

我们的本能反应让你想给她来个醍醐灌顶，告诉她真实的世界是怎样的，但是你得回想一下，你在青春期时有怎样的想法，你要记得，那时候，"年轻人的世界"也是你的全部。对一个少女来说，朋友的一句批评的话就能摧毁她的生活。如果你听到她所面临的挑战只是翻翻白眼，告诉她根本没那么严重，那她就不会再跟你谈话了……永远不会！她会觉得跟你谈话不安全。你必须让她看到，你在乎她，你是一个很好的倾听者，不会对她指指点点，你会接纳她所感受到的自己的情绪——不管这些情绪在你眼里有多傻。这样你才能告诉她，跟你谈话是安全的。这样你才能在你家里建立起良好沟通的舞台。

同时，你也要注意你自己的消极沟通。下面是个支持此观点的故事：

我做摄影师时，最喜欢的项目之一是跟一个初中生舞蹈队合作的，每年一次。每个女孩都很可爱，但是其中一个女孩给我的印象很深刻。她非常美。我在拍摄单人照时这样告诉了她，还给她看了我相机中的照片。她立马皱了皱眉，说："哦，我好丑啊。"

拍摄结束后，我正往自己的车那边走，家长们也来接自己的孩子了。一个女人冲我走过来，她穿着一件优雅的宝蓝色上衣。我告诉她我喜欢她的上衣，她回答道："哦，我今天好丑的。"我看着她，想看看她是去找哪个女孩的。果不其然，她女儿就是那个不愿接受我赞美的女孩……跟她妈妈一样。

我们的言语是有力量的——母亲和父亲都是同样。我们的女儿们在听，不管你知不知道。努力注意一下你言语上和非言语上的沟通。你对自己的看法会在不经意间影响到你女儿对她自己的看法，你传达给她的信息是什么呢？

最后一点，让她明白你并不完美。犯错的时候承认，说你很抱歉，请求她原谅。这会让她明白，你跟她一样，都在生活这个战场上奋斗——都在很努力地寻找成功的方法。这能让她感到自己跟你是一国的，而不是对立面。这也是坦诚的一部分。

当女孩知道我们也会犯错时，她们就会觉得自己能信任我们，也不会在犯错时太过苛责自己。我跟孩子们道歉的时候，会加上一句：“妈妈学校里没教过我这个！”孩子们需要知道，做父母是一件很难的事，送子的鹳飞来时没有带来说明书。你没有理由去让女儿相信你是完美的。

3. 有选择地管教

面对现实，拥抱成功。

你的女儿可能会对你说狠话，她可能会脾气不好，可能会不尊重人，她可能会做出错误的选择，她可能会疏远你，她可能会拒绝听你的好建议。她可能还会直接跟你对着来。对你的精神状态来说，你越早接受这些事在青春期是无法避免的，就对你越有利。

我知道你很难想象她的生活，房间乱糟糟，把作业忘在了学校，或是在商场丢掉了钱包，或是因为被朋友搞得分心，而在停车场撞坏了自己的车。这些事情很难消化，有时候让你忍住不发脾气确实很难，但这些事都是避免不了的！

请时常提醒自己，你也年轻过！——那时你也不知道自己是什么样的人，不知道怎样让父母满意，不知道怎样记住所有的作业，不知道怎样做完你该做的家务，不知道怎样对付你社交圈里的各种闹剧——除了这些，你还要对付疯狂飙升的荷尔蒙，还有身体发育的变化。

做孩子的有很多事需要考虑——他们需要知道，你不会随随便便因为一件小事就发飙。如果她每次犯错你都冲她吼，罚她不许做喜欢的事的话，只能让你们之间飞快地产生裂痕。

一定要有选择地管教。

三、建立“尊重界限”

从1到10，给危机程度打分。如果是低于7的，那就不要管了。你若是为小事冲动，就会牺牲掉你们之间的关系和你亲爱的女儿。不要这么做——她需要你！

如果她总觉得自己什么都做不好，永远不会优秀到让你骄傲，那她最终就会决定在感情上与你疏远，用朋友来填补你的空缺。她需要你。不要让她感觉自己不够好。

跟女儿坐下来，冷静地谈一谈这个分数的评定。一起商量在家里，什么样的行为是不能接受的。

下面这些事是在我的评分系统中低于7的。你完全有权反对——在你家怎样是对，怎样是错的，由你来决定。下面这些只是我觉得很烦人、很难做，但从长远来看，并不是那么重要的事，紧急程度要低于评分为8、9，或10的事。

尊重评级中评分低于7的事

尽量不要管这些事，让它们自然而然地发展吧。

• 吃饭晚了，还在房间里听音乐：2分

• 房间乱：4分

• 考试得了B或C：6分。如果她得了D，那也不值得惩罚她，生她的气。问问她你能怎样帮到她，也许可以树立一条新的规则，不做完作业不能跟朋友玩，不能看电视。

• 意外出了小车祸（跟她长谈一番，确定她没有在开车时分神就好。开车时绝对不能打电话或玩手机，绝对不能化妆之类的。）：7分

尊重评级中评分7分以上的事

这些事必须立即处理：

• 翻白眼

• 顶嘴

• 吼人（不管是吼你，吼她的兄弟姐们，还是她朋友）

• 任何形式的耍脾气

• 在家里搞破坏——就算是在她自己房间也不行。她的房间也是你的财产。

• 回家过晚

• 撒谎

• 有意地违反你定的规矩。（每个家都必须有一套规矩。必须让所有家庭成员明白这些规定以及违反的后果——还有遵循

的奖励。）

- 任何形式的违法（当然了）——偷窃、尝试毒品、酒精之类的。

确定你的尊重界限。她如果逾越这条线，就立即执行之前商量好的处罚。

尊重应该有一条非常明晰的界限。即使是翻白眼这样的小事，也要拿出来谈。在这个问题上不能给少女们一点空间，不然她就会觉得这是可以接受的行为。这种事决不能发生，因为只要她觉得冲你翻白眼没关系，她就会做更过分一些的事，跟你顶嘴。接下来她就会在她的朋友面前跟你顶嘴，让朋友看到，她是“说了算”的。

不论你跟女儿从前的关系如何，现在都可以重新开始，建立这条尊重的界限！建立尊重界限的3个好处：

首先，它会让你在家里获得更多尊重。不再大吼大叫，不再乱发脾气。

其次，它会让她明白，你才是家里的领导，而且你就该是领导。

再次，它会让她明白，生活中是有很多界限的。你教会她在面对权威时练习自我控制，是送给她的一份美好礼物——权威包括老师、上司、将来的公婆，还有很重要的，你！她必须明白，尊重生命中的每一个人，不仅会对她身边的人有好处，也会帮她跟这些人建立积极的联系。

你要怎样做到这些呢？要达成怎样的效果呢？

第一步：在她心情好的时候跟她一起坐下，进行一场非常冷静的谈话

如果她拒绝跟你坐下来谈，那就刚好锻炼一下你对权威的运用，用她喜欢的一件事威胁她，必须是那种你可以做到的事——比如禁足，没收手机，不让她上那天的舞蹈课（即使你会为此损失钱）。目标是吓到她，让她想，哦，完了，也许我妈/我爸这次是认真的。让她跟你坐下谈，一同建立你们之间关系成功的基础。

第二步：保持冷静

她一定会试图激怒你。她会想方设法地惹恼你。一定要保持冷静！保持冷静能告诉她，你是领导——你能控制住自己，也能控制住你的家。记住，你是这个家的领导。你应该得到这个屋顶下所有人的尊重。

第三步：跟女儿的谈话一定要以爱开头

告诉她你多爱她，她有多美，你对她擅长的事有多自豪。一定要让她知道，你深深地爱着她，真诚地包容她。

下面是一段情景假设：

你：“我很兴奋呢！我为咱们家做了个重要决定。叫做尊重界限。你有没有感到过朋友不尊重你？”

女儿：（让她说，你认真听。）

你：“我懂，我知道朋友对你态度不好，对你不尊重是什么感受。我也经历过。（永远要记得理解她，表达跟她的同感，但不能自己也变成青少年心态）。咱们把你刚刚说的都写下来，我也想写下几条在我看来不尊重的表现。（注意，你不需要针对她，只要把所有表现都写下来就行了。你的清单里可以包括翻白眼、大吼大叫、发脾气、抱怨、牢骚、有敌意的态度、顶嘴、不按时回家、不遵守家里的规则、不听人讲话，等等。）你觉得咱们讲到尊重的所有方面了吗？”

女儿：“讲到了。”

你：“太好了！那逾越尊重界限的后果应该是什么呢？”

女儿：“不知道……”

你：“那如果你的某个朋友违反了你的尊重界限，他们应该承担怎样的后果？”

女儿：“我不知道，妈。这太无聊了！”

你：（深呼吸）“这没办法，我们都得做无聊的事。我今天早晨还洗了碗，我知道这是什么感觉，没人喜欢做无聊的事。但是这事很重要，这个话题我还得跟你再聊5分钟。那就假设你的一个朋友在背后说你八卦，说了一些不尊重你的话。你觉得这样的行为需要产生后果，以防再次发生吗？”

女儿：“当然。”

你：“那好，任何不尊重的行为都要产生后果。我是你妈，我有义务教会你，不尊重的行为是要绝对杜绝、不可接受的。所以，我觉得有不尊重的行为时，被迫放弃一项权利算是合理公平的处罚。如果我逾越了你的尊重界限，冲你吼，冲你发脾气，我就一周时间每天晚上不许看电视（或者把看电视换成你平时做的一些放松的事）。如果你逾越了我的尊重界限，你的手机就会被没收一周。”（或者把没收手机换成其他会让她不敢再对你翻白眼的事。）

女儿：“一周？你开什么玩笑？！”（这时你要深呼吸，保持冷静。）

你：“好，那你觉得什么样的处罚合情合理？怎样算公平？”

女儿：“一天吧？”

你：“那咱们就中和一下，如果你逾越尊重界限，你的手机会被没收3天。”（讨论到此结束。决定权在你。）

女儿：“讨厌死了！”

你：（冷静而自信地说）“我也讨厌。我讨厌不尊重人的行为。所以这件事才这么重要。我们只要做到互相尊重，就不用担心处罚的事了。”

这个清单一贴在冰箱上，你们之间的紧张程度会让你无法想象，或者之后的几天里她会如履薄冰。

我猜她会试探你，看你是不是认真的。处罚一定要定成你绝对可以做到的事。如果你不坚持按照规则来，这事就没法办成！即使只是小小的一个白眼，也要冷静坚定地没收她的手机3天。她会噘嘴、埋怨，那你就把没收手机的天数上调。

一开始会很难，但只要她意识到你是认真的，不会退缩，她就会接受这个规则，知道她必须遵守。一定要严格。不要退缩，还要记得永远保持冷静。

一遍一遍地告诉她："我爱你，所以我要让你明白，不尊重人的行为是一定要杜绝的。"她不会喜欢这种话，但她会明白你的意思。不尊重人在真实的世界中是不被容许的。我们作为父母，必须要教会女孩这一点……即使需要用冷酷的爱来做到。

四、坚持才是重点，让女孩学会爱自己

如果你的女儿非常叛逆，经常发脾气，对别人很差，那就去看看第六章：拥有强大的内心。

读一读欺凌的那一段，学会化解欺凌。我知道你肯定不愿意听别人说，你的女儿在欺凌你，但我们必须把问题指出来，才能解决欺凌的问题。

这本书原是我为国家非营利组织"常青藤女子学院"所打造的专栏。我给你的女儿讲了12个变成气质女孩的技巧，现在我想就每个技巧跟你分享一些教育女孩的小窍门，能让你帮助她巩固我教给她的内容，让她在日常生活中做到真正的进步和改变。

12个变身气质女孩的技巧如下：

1. 建立自信

帮她找到她擅长做的事！给她机会发现自己多有才，多厉害。给她成功的平台。自信是美好生活的基础！

2. 树立目标

鼓励她去实现梦想——即使她的梦想并非你为她设想的愿景。认真听她讲她的梦想，让她尝试新事物。她可能会经历挫折，从这些经验中学到一些东西，然后再跨入“真实的世界”。不要拯救她，“保护”她，这些都是宝贵的学习机会。

3. 保持积极的精神态度

鼓励积极的自我暗示。也许你们能设一个“爱之罐”，每次你或她选择夸自己，而不是损自己时，就往罐子里放一个棉球。罐子一装满，你们就可以来一个母女约会之夜。

4. 激发自我领导力

帮她寻找机会成为领导者。这并不是说她必须当上学校俱乐部的主席，只为他人树立好榜样也是可以的。不过，我还是强烈建议，帮她探索企业家精神。这是逐步培养领导力的好办法。

5. 懂得感恩

一定要花些时间告诉她，你有多感激她的存在。经常寻找在你的世界中有什么是你们两个都该共同感激的事。

6. 拥有强大的内心

我知道这很难，但是我们必须要跟女儿们进行一些难说出口的谈话。毒品、性、男生、尊重——教会她，让她认识到，遇到难事时，用坦诚的交流来解决，面对难事能赋予她面对这个艰难世界的力量。

7. 学会自我保护

让她上防御课。在我看来，学会自我防御跟学刷牙、吃蔬菜一样重要。这项技能能教给她的，绝不仅仅是如何保护自己的身体。翻回去看看自我保护那一章，了解防御课的所有好处。

8. 要有自尊

教给她良好的卫生习惯、基础化妆、干净的头发、熨烫整齐的衣物有多重要。就算她似乎没有在听，你也在她脑海里播下了种子，而这些种子会在她成年时开花结果。良好的卫生习惯是出于尊重。她如果愿意花时间整理自己，那她就是在用非语言的方式无声地告诉周围的人，她尊重自己，也尊重他人。

9. 珍视健康

帮她设立锻炼和营养的目标。跟她一起去散步，多花点时间在家里给她备些健康餐。她在家养成的习惯会跟随她一生。

10. 掌握社交及用餐礼仪

礼仪是为了让你身边的人感到舒适。你可以从今天开始就鼓励女儿的礼貌行为。餐桌礼仪、手机礼仪、工作礼仪，还有社交网络礼仪，只需她在生活中注意礼仪的几个方面。

11. 知晓为母之道

跟她坦诚地敞开谈做母亲的美好与艰辛。还要跟她谈避免婚前性行为的重要性。这能帮她形成自己的想法，考虑她想成为怎样的母亲，也会帮她树立健康的目标，等到对的时机再成家生子。

12. 服务他人

想办法找些有创意的活动，一家人一起去服务他人。她可能会翻白眼，但去施粥摊帮帮忙，去帮忙送送食物，去医院看望生病的孩子，或是参加唤醒乳癌意识的慈善跑步，等等，都能在女儿心中种下无价的无私和成就感的种子，这是无价的教育。

五、分别给妈妈和爸爸的任务

爸爸：你要告诉女儿，她有多美。如果她从你这里得不到这种赞许，她就会在身边的男生那里寻求，而那是很危险的。跟她谈一谈男孩们脑子里都在想什么。告诉她，她的穿着打扮会怎样影响身边的男生，让他们感到不自在。我知道这种谈话很难进行，但她必须从你那里听来！

妈妈：跟她谈青春期，生理期，文胸，卫生棉条，性行为，怀孕，还有男生……可以说，她会喊“恶心！”的事都要谈。但她再喊也要跟她谈。她必须知道，这些敏感话题是可以跟你谈的。

另外，建议父母给自己的女儿写一封手写信。

也许，你已经经常写给她了，但是如果你很久没给她写过便条了，那这项活动对你们俩就都很重要。告诉她你有多爱她，告诉她你有多为她自豪，告诉她你为她设想的一切希望和梦想，告诉她你有多想让她幸福。打心底里让她知道，她对你来说珍贵无价。

我还留着父母给我写的信，这些信当时对我很重要，现在可以说更重要了。要这样想：听你父母说爱你永远都是好事。

爸爸给写的信更是尤其重要。男人天生比女性话少，所以收到爸爸真诚的信是很有意义的。我亲眼见过这个小小的举动能带来的积极影响。你的话有巨大的力量。

六、总结语

我知道你爱你的女儿，不然你就不会浪费时间读这个了。我想你的女儿一定很美好，贴心，可爱，你一定喜欢跟她相处。不过，如果你那美好、贴心、可爱的女儿隐藏在一层层愤世嫉俗、不礼貌行为、对他人的不尊重之下，那你就有得忙了。我并不是在说她的不良行为是你的错，但你能帮到她！教育就是关键！我还鼓励你认真思考你的尊重界限。给女儿设下界限，能教会她的远远不止尊重，还能让你跟她之间的关系更上一层楼。（即使在好转之前可能要经历一段恶化期。）

总之，最重要的是要给她很多很多爱。即使她的态度差到让你想把她送去非洲待一个月。而这种时刻恰恰是她最需要爱的时候。

赞美她，寻找她的闪光点，给她写便条，带她出去玩，送她小礼物（甚至不需要花钱），给她一些惊喜，放下偏见聆听她，做她的家长——而不是朋友。她已经有许多朋友了，她需要的是一个家长。

你的女儿应该得到一个永恒、有明确界限、充满爱与尊重的家，你也同样。她不是你家里的主人，你才是。让她认识到这一点，是给她的珍贵礼物，到了她成年时也能帮到她。

我为你穿越青少年世界这条危机四伏却又充满惊喜的旅程送去最美好的祝愿。

成功的父母并非从不挣扎，成功的父母只是在经历挣扎之后仍然永不放弃。

——莎朗·杰恩斯